# 像科學家一樣思考

## 明辨是非、避免偏誤
## 新世代必備的核心素養

李延輝 譯
史坦利・萊斯 著
Stanley A. Rice

# SCIENTIFICALLY THINKING

How to Liberate Your Mind, Solve the World's Problems, and Embrace the Beauty of Science

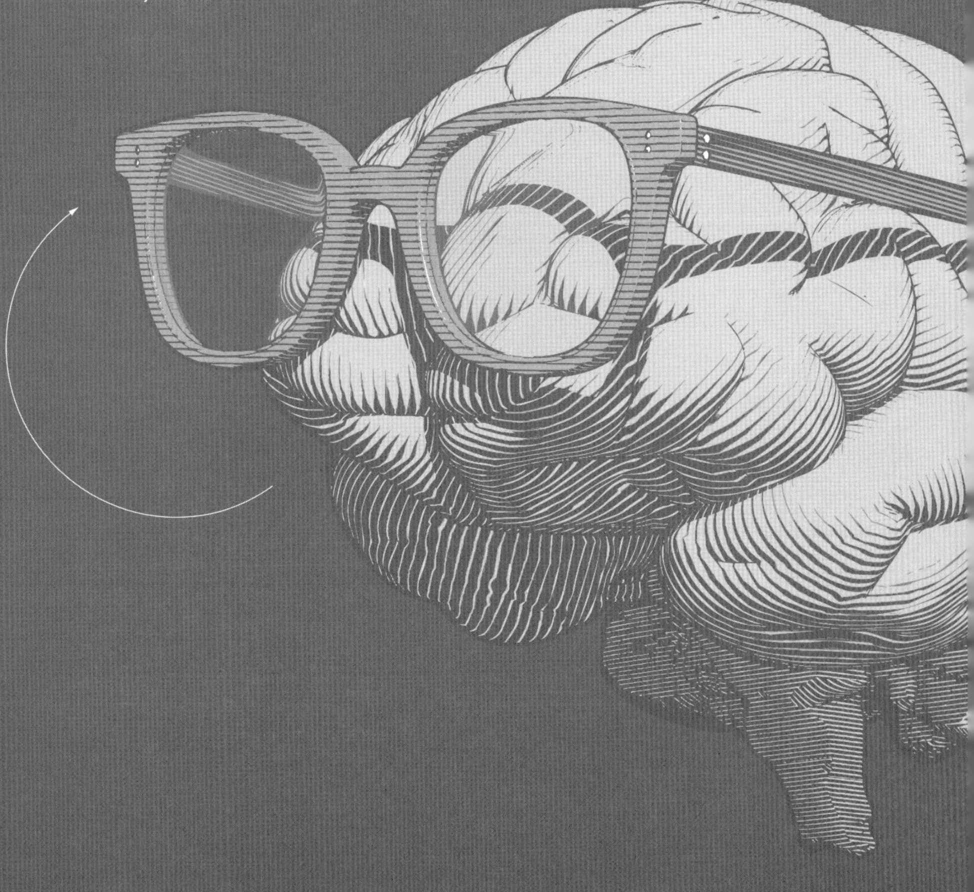

# 作者的話

本書中有許多概念直接或間接地融入課堂學習活動，但本書並沒有足夠篇幅討論這些活動。教育者可以上作者的網站 http://www.stanleyrice.com，找到以本書章節為基礎的學習活動，以及適合課堂討論的照片選集。有些本書不足以容納的章節也可以在這個網站找到。這些資源都可免費使用。

# 致謝

我想感謝經紀人麗塔・羅森克朗茨（Rita Rosenkranz）和編輯史蒂芬・米契爾（Steven L. Mitchell）。我也要感謝過去十五年來，杜蘭（Durant）的東南俄克拉荷馬州立大學（Southeastern Oklahoma State University）參與我研究方法課的研究生，他們參與了本書好幾個主題的有趣討論。

我也希望向許多科學家及科學教育者同儕致謝，他們幫助我在過去四十年發展出科學性思考的技巧。他們並沒有直接告訴我他們認知的事實為何，而是協助我自己去思考，有時候也會讓我在真正成功之前犯錯。感謝的名單說也說不完，但我特別想感謝愛德華・杜爾（R. Edward Dole），他是伊利諾大學香檳校區（University of Illinois at Urbana-Champaign）的講師，他念研究所時督導我對植物實驗室的管理。

我也想感謝李・萊斯（Lee Rice）和班傑明・簡奈泰（Benjamin Gennetay）替我更新我的網站，加入了「作者的話」中提到的資源。

# 01

## 目錄

# 02

## 第二部：人猿大腦永流傳

03

04

# 前言　我們需要科學，而且馬上就要

人類有充分理由對自己的大腦感到自豪，沒有其他物種擁有像我們一樣大的頭腦和那麼高深的智慧。但這裡有一個大問題，就是大腦會演化。我們最有成就的祖先所擁有的大腦不一定能了解事實，但一定能讓大腦的主人在為生存而戰時佔上風。因此，我們的大腦並不會演化成根據理性去推斷，而是將判斷合理化；不會演化成看見事實，而是創造真實。我們的大腦會受到偏見和錯覺玩弄。我們則利用大腦操弄其他人，並欺騙自己。[1]我們往往只看到自己想看到的事物，而不是真正存在的東西。每個人都是這樣。

錯覺和偏見並不一定是壞事，它們可以簡單又有用。要是沒有這些錯覺和偏見，我們的大腦可能承受不住這世界的錯綜複雜。錯覺和偏見讓大腦得以快速做出決定，如此一來，我們就可以在突然出現的威脅中生存下來，或者抓住一閃即逝的機會，畢竟在掠奪者或敵人的攻擊下並不是理性思考的最佳時機。我們的人猿大腦大致上極為成功，因為它們可以善用現實，但又不受限其中。

存有偏見且受到矇騙的大腦在過去對我們發揮了足夠的功能，只要我們能在演化之戰中成功，就不需要理解真實。但到了今天，偏見和錯覺讓我們面臨全球災難的危機，我們被淹沒在無窮無盡的資訊中。我們並不需要更多資訊，而是需要新的思考方式，解放我們的心靈，不受偏見和錯覺影響。

存有偏見的大腦製造出的某些錯誤只影響了我們個人，對於因果關係的混淆會讓我們浪費時間和金錢在只是錯覺的健康潮流之中。但我們集體製造出的其他錯誤可能危害整個世界，人類即是自身成功的受害者，現在我們已經透支了地球。每一個自然棲息地，甚至是那些我們保留為公園和保護區的地方，都因為我們的出現和經濟、政治活動而有所變化。如今一個人、一家企業甚至一個國家造成的錯誤都可能影響整個世界，所有人、所有國家和所有經濟體在今日都緊密相連，若有一群人像原始人一樣莽撞行事，世界上其他許多人都會跟著遭殃。這種人可能是宗教極端份子，設法挑起聖戰；可能是「大到不能倒」的企業，利用假消息提高利潤；也可能本身是製造「假新聞」的政客，企圖贏得選舉。他們的影響都會遍及全世界。這世界有七十五億人口，已容不下幻想存在。要是現在的大腦還像人猿一樣，就再糟糕不過了。錯覺和偏見在過去對我們有所助益，但今天則會讓我們瀕臨災難。

一個大腦如何誤導我們的例子就是誤以為大自然是無窮的寶庫。認為世界夠大，大到足以提供所有滿足我們欲望所需的事物，而且能吸收我們所有的廢棄物，這似乎是很自然的想法。或許在石器時代時的確是這樣，穴居人把骨頭丟到外面——「外面」也就是營地之外——偉大的自然之口可以分解這些骨頭。但現在全球人口超過七十億人，每個人都一直在使用大量的原料和能源，並持續製造有毒的廢棄物。這裡已經沒有「外面」這種地方可以安全棄置我們的廢棄物了。

或許這種錯覺最重要的例子就是全球氣候變遷，我之後還會在這本書討論這個議題。你看不到全球暖化，必須從其他證據推論出來。你唯一可以看到的就是天氣，但你看不到氣候。氣候是長期且大規模的天氣平均值。正如馬克．吐溫曾說，你預期的是氣候，但你得到是天氣。氣候就是你在「平均年」預期見到的天氣。但就像老農夫所說的，他已經耕種了四十年，但只見過兩次平均年。

我們只要按幾下按鍵和滑鼠，或者滑一下手機螢幕，幾乎就可以得到所有問題的解答。你可能認為在手上掌握所有資訊比較容易找到真實，但事實並非如此，這有幾個原因。

擁有更多資訊並無法更了解這個世界的原因之一在於，無論我們掌握多少資訊，仍一次只能思考一件事。曾經我們似乎一度可以對人類大腦驚人的容量抱有希望，因為我們的大腦比任何電腦還要複雜。二〇一三年時，由八萬三千台處理器組成的超級電腦耗費了四十分鐘，才能模擬一般人類大腦可以在一秒內完成的事。[2]但我們每個人仍然一次只能想一件事。赫曼．梅爾維爾（Herman Melville）一八五一年時寫道：「只要一個人的眼睛在光亮中睜開，就會不由自主地觀看；也就是說，它必然會機械式地看到在眼前的任何物體。儘管如此，經驗會告訴他，雖然他可以一覽無遺，但他幾乎不可能同時專注、全心全意地審視任何兩樣東西。為了看到其中一樣，將它記在心裡，另一樣東西勢必完全被排除在你當時的意識中。」[3]這個時候你的大腦會下意識地做很多事；你的腦幹會控制你的體溫、心跳率和呼吸；你的小腦讓你不會跌下此刻可能坐在上面的椅子。但你的意識心理一次只能注意一樣東西，和克羅馬農（Cro-Magnon）的狩獵採集者相比毫無差別。你可能會說，就這樣來看，過去兩萬年的變化並不大。

上面已經解釋過更多知識並不會更增進了解的原因，人類心靈並不會尋求資料的真實，而是會將其合理化——無論資料本身數量多寡。我們大腦滿載資訊時，最容易做的就是只注意符合本身信念的資訊。我們的手上有諸多資訊可以**解放**我們，免受過往偏見之苦，但我們反而選擇性利用這種資訊**強化**我們的偏見。我們獲得更多資訊的同時反而更容易犯錯，實在有違常理。

此外，我們不但利用大腦欺騙他人，也用來欺騙**自己**。羅伯特．崔弗斯（Robert Trivers）就曾解釋，我們的大腦擷取真實資料，改變我們的認知，造成自我欺騙。[4]就負面來說，真心相信我們宣稱為真的虛假事物，我們就變成更令人信服的騙子；就沒有那麼負面的部分來說，真心相信虛假的事物，儘管前途黯淡，我們還是可以騙自己開心。不管是哪種情況，在演化的鬥爭中，相信虛假事物有時會讓我們更成功。而且我們必須真的相信，不能只是假裝相信。我們的大腦演化並不只是要合理化，也是要相信合理化等於理性。我們的大腦就是幻想的競技場。

我們並不需要更多關於這世界的資訊。我們迫切需要的，是以某種方式逃脫演化的大腦所製造出的偏見和錯覺。我們需要一些好消息，而且現在就要。

但的確有個好消息。這種思考方式早已存在，那就是科學方法。雖然科學以現代形式存在僅有幾百年的歷史，且這世界的大多數人也未加以善用，科學還是促成巨大突破，幫助我們了解世界。在短短幾百年間，我們已經得以了解宇宙、地球以及我們自己，這是以前絕對做不到，也絕對難以想像的。

為了拯救自己和世界，我們都要成為科學家嗎？這不可能發生，而且如果真的非得這樣，我們就全都沒希望了。幸運地是你不需要當科學家才能使用科學方法，這件好消息好到你可以張貼在你家牆上的告示牌上了。科學方法根據的是我們所有人自然而然產生的心理歷程，大多數人都明白使用「排除法」只是「常識」。我們具有科學的本能，就像我們也會有偏見和錯覺一樣。科學的思考方式潛藏在我們心中，等待我們給它機會冒出頭來。因此，這本書的第一個目的就是說服你，我們亟需以科學方式思考，不只科學家如此，每個人都必須這樣。

有些人認為科學家已經發現了宇宙的祕密，但這種信念包含了兩項暗中作亂、未說出口的訊息。第一項訊息是科學家是一種不同的物種，是超級人類，他們的思想過程是非科學家難以企及的。第二項訊息是科學家希望所有人都認為他們很聰明，這樣沒有人會質疑他們的話，這直接造成許多人對一般學者，特別是對科學家反感。舉例來說，他們可能認為科學家欺騙所有人關於演化和全球暖化的事。這樣的結果造成普遍對科學證據輕視的狀況。[5]但大多數的科學家會邀請所有希望運用其先天性批判技巧的人檢視證據，並自己得出結論。

這本書第二個目的是告訴你科學思考方式並不只是本能反應，也出乎意料地簡單，這是每個人都可以做到的事。科學思考基本上只是組織起來的常識。困難之處並不在科學本身，而在排除我們的偏見和錯覺。我是科學家，也是科學教育者，我希望幫助你開始科學的旅程。

以下是可以運用科學方式思考的方法。首先，我們會創造一種和因果關係相關的說法，說明某樣事物如何運作。我們稱這樣的說法為**假設**。第二，我們會蒐集證據驗證假設。證據必須是任何人（外部）都可以取得的事物，而不只是提出說法的人（內部）可以使用。證據讓我們得以決定假設是真是假，或者我們還不知道答案。第三……。

沒有第三個了。就這樣。這就是科學。我們利用證據驗證說法。如果假設經得起驗證，就能夠釐清許多原本可能混亂的事實。一項假設可以造成另一項假設，最後的結果則是整個假設的架構——此時可稱為**理論**。這不僅有助於理解一套事實，也能夠認識整個世界。

但設想一下萬一我們得出錯誤的結論怎麼辦。沒有問題。由於證據來自外部，其他人可以提出更好的證據，並因此可能得出不同的結論。[6] 相較之下，信仰就是一種內部的經驗。許多人在欠缺外部證據的情況下緊抓著宗教信仰不放，甚至在信仰與證據對立時仍是如此。但科學來自外部。科學屬於大眾。一人提出說法，其他人都可以驗證。

的確，科學方法帶來自由，但它藉由約束你的心靈才得以讓其自由。你的心靈可以自由漂浮，不受限制，穿過所有偏見和錯覺的迷霧、急流與山川。為了讓你的心靈尋找真實，你必須阻止它偏移到別的方向。想像一隻公牛推著車穿過泥地，公牛可能往任何方向走，把車子留在泥地中，但牛軛會限制公牛的移動。科學就是牛軛，它讓公牛（你的心靈）可以拉著知識的車子往前進，穿越困惑的泥地。

科學家的大腦就和其他人一樣，受到偏見影響，也飽受錯覺之苦。但我們已經發展出一套系統，讓我們大多數時間得以擺脫偏見和錯覺。這本書大部分是談論關於人猿般的大腦可能造成我們犯的錯誤種類，以及科學方法可以怎麼避免這些錯誤。甚至可以這樣說，你不可能不帶偏見測量事物。舉例而言，你怎麼知道測量方式有效？國內生產毛額是測量國家財富的有效方式嗎？即使簡單到像準確測量身高或外面天氣有多熱，也可能是種挑戰。偏見和錯覺不只讓你難以得到正確的結論，甚至還會扭曲測量本身的過程。你在測量時，甚至不能相信你的理智！

我不只會解釋這些挑戰，還會提出一些重大研究的例子，解釋科學家如何使用極具創意的方法，避免偏見和錯覺。讀完這些研究，你就絕對不會再相信科學是乏味的空談，講的都是陳腔濫調的事實。只有自然世界本身巨大且驚人的創意才能超越科學創意。因為研究主題龐大，所以科學家的思考範疇也跟著擴大。

好消息不只這樣。不僅任何普通人都可以加入科學思考的行列，而且每個普通人也從兒童時期就開始具備那樣的能力。最小的小孩會環顧四周觀察所有事物，他們會先從附近的事物開始，例如將目光放在媽媽身上，之後才注意到遠方的東西。嬰兒也會受到尚未成形的偏見和錯覺影響，但他們大多數時間都是將科學方法運用於理解世界上。如果我把碟子推到托盤的邊邊，會發生什麼事呢？我要如何分辨哪些食物好吃、哪些難吃？我如果撞到牆會怎樣呢？我要是尖叫會怎樣呢？還有其他更多情況。小孩子不只會對房間、玩具好奇，也會對所謂自然世界裡的事物感到好奇，包括樹木、小鳥和岩石在內。長大一點之後的孩子才可能會發展出認為自然世界無聊的態度。那些從來沒有發展出這種態度的孩子，長大後往往會成為科學家或科學老師。科學教育最大的挑戰就是避免孩子一開始就覺得無聊。國家科學研究委員會（National Research Council）的報告《每個孩子都是科學家》（*Every Child a Scientist*）標題可能有點誇大[7]，但與事實相去不遠。科學是一趟創意的冒險，和創意寫作等其他種類的人類思想並不全然壁壘分明。

你可以閱讀科學書籍，也可以參加熱心專業人士或業餘科學家帶領的實地考察，從中獲得一些樂趣。你甚至可以加入全球或世界公民科學家的網路，成為業餘的科學家。公民科學家會蒐集資料，傳送到大型的線上資料庫。資料內容從賞鳥、人類老化到光害、人類性欲，應有盡有。閱讀科學可能很好玩，但動手做科學更是樂趣無窮。而且你並不需要成為認證過的科學家才能替全世界為理解而進行的科學探索盡一己之力。你可以成為業餘的科學家。人們常用輕視的態度使用**業餘**（amateur）這個詞，但這個字來自拉丁文的**愛**。業餘者是因為熱愛某樣事物而動手做，而不是因為這是他們的工作。

好消息還有更多。科學方法不只會引導我們的心靈在適當的限制下找到真理，科學方法也是以本能過程為基礎，不僅如此，科學還會以幾種方式帶領我們走向美好的世界。你可以思考一下以下的例子：

- 首先，了解世界有其意義就有深刻的美感。卡爾·沙根（Carl Sagan）將對宇宙非科學的觀點稱為「妖魔出沒的世界」，會隨時因為神一時興起發生任何事，但這世界並不是這樣的世界。[8]
- 第二，知道我們有能力做某些事解決我們的問題本身也有美感。在我們知道細菌造成很多疾病之前，對這些病幾乎是束手無策。但現在我們在茲卡病毒首次出現幾年內，就辨識出這種病毒，而且知道它的症狀以及何以發病。這看起來不大妙，但我們的知識讓我們至少有機會減緩病毒傳播速度，並處理病毒造成的後果。
- 最後，科學讓我們開始發現周遭的多樣性。對從未研究過樹的人來說，樹就是樹。但一旦你開始研究樹，世界就會變得有趣許多，因為你會注意到有多少種樹，而每一種在自然世界運作的方式都有一點不同。棉白楊長得快但枯死得早，橡樹長得慢但枯死得晚。一旦你知道這一點，森林就不再只是背景，而是在裡頭蘊含了一則有趣的故事。

我們的大腦演化成會合理化事物，但推論的能力是人猿般大腦合理化過程的組成成分之一。只要你掌握了這個簡單的事實，你就準備好開始以科學方式思考了。你也不必相信每個科學家所說的每一件事，把它們奉為聖經，就像你不必相信政客或牧師說的所有話一樣。你可以運用科學方法到萬事萬物上，然後得出你自己的結論。這或許是人類心靈所能達到最令人振奮的自由。

科學方法是有組織的常識。這聽起來夠簡單了，但之後這又會變得複雜。為了驗證假設，科學家有時必須進行一些荒謬但美好的實驗，讓你先笑，然後開始思考。有時要處理偏見和錯覺的問題並不容易。科學家必須經歷千辛萬苦，花一大筆錢才能設計出避免偏見和錯覺的實驗，不僅實驗者如此，實驗對象也要避免。

- 偏見和錯覺甚至會影響測量本身的過程：我們測量某樣東西的準確程度如何？需要多大的樣本？
- 我們的大腦往往會在自然向我們丟出曲線時看到直線。這對非線性的規模經濟及界限值特別重要。甚至連演化的爆發和火星的死亡都是非線性的過程。
- 我們的大腦會將萬物分類（常只有兩類），但在自然界，我們看到的大部分東西都會連續變異。

- 我們的大腦會將萬物視為單純的因果關係，但在自然界，果可能同時為因，而果也可能由好幾個因造成。
- 我們的心靈有機制的偏見。也就是說，一有事情發生，一定是因為運用智慧刻意讓它發生。因為我們有智慧，所以覺得智慧處處可見。但你如何分辨一種動物是否有智慧？
- 你可能非常善於測量，但萬一測量結果未能代表足夠數量的現實多樣性樣本，或者實際上測量的並不是你原先想的事物，這些測量結果就無效，還可能誤導他人。
- 我們的大腦有一種確認偏見，實際上我們就利用這種偏見看到預期看到的事物，而非真正存在的事物。

科學能讓我們免於犯錯，這些錯誤連最優越的人類大腦都可能會犯。但科學也會製造一些重要的偉大構想，轉變我們整個對宇宙和對自身的看法。科學和宗教非常不同，宗教似乎是人類的本能。最後，既然科學家了解對這世界已知的知識（萬事萬物，從全球暖化到菸草的危害），就不能默不作聲，讓方式完全錯誤的人破壞這個美麗且就我們所知獨特的世界。而這會帶領我們通往一次美好的冒險。

加入我的行列，探索科學過程如何讓我們免於錯覺及偏見。和我一起對那些科學家諸多創意方式大笑幾聲，他們找到了這些有創意的方法來驗證假說。讓我們一起看看科學的思考方式和我們一直知道且熱愛的常識與創意並非截然不同。

**自己動手做**

本書許多章節會有「自己動手做」的部分，代表你可以自己做的科學活動。

第一部

# 科學的冒險

科學是發現事物的冒險，而不是事實的堆砌。這種發現之旅和其他人類探索概念的方式差異不大，人類如果夠幸運，就能理解事情。偽科學也可能假裝是科學。然而，偽科學的目的不在發現，而在宣傳；不在解放心靈，而在將其征服。

# 第一章　科學與如何辨識科學

科學是一種理解方式。就宗教、傳統、演繹哲學等相關問題，人類已經發展出許多回答的方式。科學是一種發現事物相對較新的方式，在文藝復興時期即具備了現代的形式[1]，但其根源還可以往前追溯。十一世紀的法國神父彼得・阿伯拉爾（Peter Abélard）捍衛了質疑「真理」的權利，這些「真理」是從過去流傳下來的。他說：「透過質疑我們才會探究，而藉由探究我們才能找出真理。」（他因此惹上麻煩）科學已經被證實，是可以發現事物的非常有力、非常有效且非常有趣的方式，物理學家理查・費曼（Richard Feynman）和生物學家理查・道金斯（Richard Dawkins）就解釋了這一點。[2]

就像前言提到的，**假設**是關於因果關係的說法，是事物運作方式的描述。科學並不只是驗證所有假設。科學的假設必須具備以下特點：

- **具實體**。科學只研究根據自然定律而發生的事物。科學不研究奇蹟。這並不是說奇蹟絕對不會發生。有些科學家私下相信奇蹟，但絕不會把奇蹟放在他們的科學著作中。

- **可重複**。科學無法研究奇異性（只發生一次的過程，奇蹟就是一個例子）。但科學可以探究一次性的事件，前提是事件要留下足夠證據。科學家可以研究發生在六千五百萬年前終結恐龍時代的小行星撞擊。從那時起，就再也沒發生過那麼大規模的小行星撞擊，但這是一個完全自然的過程，而且**可能**再度發生。
- **可測量**。一定有不只是檢測研究對象的方法，如果有可能，應該也加以量化。科學家真的會設法將所有東西化為數字，但這只是用來分析。科學家解釋及運用這些結果時，就會回到真實、人類的概念。
- **可反證**。任何科學的聲明都必須能夠反證。如果沒有一組可以證明假設錯誤的觀察記錄存在，那這就不科學。

前三點將現實的限制加諸於科學。科學或許會告訴我們，我們希望相信的事物實際上根本不可能。宗教才會相信不可能存在的事，但科學不會。

第四點特別重要。很多聲稱具有科學可信度的人和組織會擁護無法反證的假設。也就是說，無論出現什麼數據，他們都有辦法將數據併入他們的信仰系統，而不改變那些信仰。宗教如此行事由來已久。無論世界上發生什麼事，宗教人士都有辦法解釋成是上帝的旨意。但科學家不應該這樣。

卡爾・波普（Karl Popper）[3]或許是最知名的科學哲學家，他明白愛因斯坦的相對論可以否證，但西格蒙德・佛洛伊德（Sigmund Freud）的精神分析理論則無法。無論佛洛伊德觀察什麼，從雪茄到快樂，他都可以找到方法以精神分析「解釋」。我們不可能確定人類大腦裡出現的哪樣東西會讓佛洛伊德說：「嗯，我猜我錯了。」但愛因斯坦的理論可以付諸驗證。一九一九年，亞瑟・愛丁頓（Sir Arthur Eddington）就這麼做了。他在一次日全蝕時，驗證太陽的重力會彎曲來自星星的光線。事實上，這種星光的「重力透鏡效應」現在仍用於決定遙遠星球的質量。[4]這種彎曲現象要是沒有出現，至少就當時存在的形式而言，愛因斯坦的理論會受到懷疑。若是這樣，愛因斯坦可以重新再來，佛洛伊德則無法。

對可反證性的同樣無視，似乎是那些拒絕對全球暖化達成共識的少數科學家的主張基礎。大多數的氣候科學家及一般科學家都接受人類活動（包括釋放二氧化碳及甲烷氣體至空氣中、破壞森林及大草原，以及這些活動的間接影響）在過去一百五十年間造成地球暖化的假設，且影響更甚如陽光強度或來自火山煙塵與氣體變化的自然過程。二〇一七年，美國政府責任署估計在過去十年，極端天氣及火災已造成聯邦政府三千五百億美元的損失，而全球暖化會在不久的將來讓問題雪上加霜。要注意，這只是聯邦政府承受的損失，數字並不包括州政府與地方政府、企業或個人。[5]信用機構如穆迪投資者服務公司（Moody's Investor's Service）已開始準備將全球氣候變遷列入評估美國各市信用等級的考慮因素。如果一個城市欠缺面對全球暖化的計畫，信用等級可能會降低。[6]對立假設則指出全球暖化大部分是自然過程而非人類活動所致。美國全球氣候變遷計畫是一項合作研究計畫，成員有十三個聯邦機構，經一九九〇年的全球變遷研究法授權。該計畫已提出一系列詳細的報告，計算發生多少全球暖化的現象、人類活動的過程有多少造成暖化、以及多少全球暖化是在未出現人類活動的過程時發生。這個工作小組的科學家結論是，事實上，自然過程會造成全球暖化，但人類活動過程的影響超過十倍。[7]

但證據再多似乎也滿足不了「否定主義者」或「氣候變遷否定者」。對他們而言，似乎只要存在任何關於測量結果疑慮的可能（任何測量結果一定有疑慮），我們就必須下結論說人類並未造成全球暖化。無論氣候學家提出什麼證據，對否定者來說永遠不夠好。氣候變遷否定者**可能**具科學精神，但因為他們的假設無法反證，所以並不是真正科學。

## 科學假設來自何處

科學調查的第一步就是產生假設。以下是一個例子。我是植物學家。有一次我設計了一個班級專題，測試和植物成長方式相關的假設。我的假設是，植物根部在多養分的土壤比在少養分的土壤中更容易快速生長。你可以把我的假設想成一則故事：根接觸到肥沃的土壤就會分出去，形成一個網絡吸收養分，但要是它們接觸到貧瘠的土壤，就會直直往下長，穿過土壤，增加找到底下深處肥沃土壤的機會。

大腦會產生本身最了解事物的相關假設。你對一樣東西越了解，越可能產生值得探究的假設。假如你從沒有挖土看看根的樣子，你怎麼會產生關於根部生長的假設呢？

但產生假設的舉動並不完全必須是有意識的。有時候假設只是直覺，從潛意識中冒了出來。我們的潛意識會計算、估計，然後向意識提出發現結果的計畫摘要，而我們的意識可能並沒有察覺到曾經進行過任何計算或估計。我們的潛意識會形成假設，然後加以驗證，但方式並沒有像我們的意識那樣井井有條。也就是說，我們的潛意識並不只是原始的動物情緒聚集之處。潛意識常常運用科學探究的原始形式，而我們的意識只能看到冰山的一角。

其中一個例子就是我發現的一種藥用活性植物萃取物。表面上這好像是偶然的發現。我研究一種稀有樹種，從幾根嫩枝中萃取出東西，然後發現萃取物會殺死金黃色葡萄球菌。我完全沒有理由相信那種萃取物有這樣的功效。事實上，我用萃取物對抗其他種類的細菌並沒有效。但這不完全是猜測而已。我知道許多藥用化合物原本來自植物，有些的確是「偶然」發現。[8]因此，我的發現並沒有表面看起來那麼靠運氣。

有時候，假設來自作夢，但這種情況很少見。化學家奧古斯特・凱庫勒（August Kekulé）真的憑空想出苯分子的結構。他夢到一條蛇咬自己的尾巴，結果變成一種環狀物。假如他沒有接受過化學的訓練，這個夢就不會發揮作用。但對他而言，這個夢提出了一個假設，也就是苯分子的核心是碳原子的環。無論是直覺或作夢，潛意識都可能提出假設。

假設一產生，科學家就會設法將各種可能性納入考慮。當然，這是不可能的任務。包括科學家在內，沒有任何人可以確定是否已考慮所有可能性。那就是夏洛克·福爾摩斯犯錯的地方。他說競爭性假設一旦排除，剩下的假設無論聽起來多難以置信，一定為真。現代科學家知識更廣博，不會相信這種說法，因為宇宙中幾乎可說必然存在替代的假設（alternate hypotheses），只是我們還沒想到而已。一定會有「未知的未知」。科學家或任何人都不能說：「我已經檢驗過所有可能性。」或許這就是為什麼演化的科學直到幾百年前才出現。科學家了解遺傳學及自然淘汰發生下的物種總數之前，沒有人會想到有演化的可能性。只有到那時候，才有可能想到演化的假設並驗證。

## 現實的簡化模型

這個世界太複雜，我們無法注意到發生的每件事。我們必須利用假設，也就是現實的**簡化模型**。科學研究經過精心規劃，將科學家正在研究的過程獨立出來，並排除其他所有事物。這樣做並不容易，事實上，這或許是科學研究最困難的部分。

讓我舉個簡單的例子。有一種野花，只會存活一年，而且從種子才能繁殖出來，這種花在我住的乾燥橡木林中很稀有。但土壤裡充滿了這種花的種子。結果發生了一場大火，燒光整片森林。隔年春年，野花的種子發芽，花開得很茂盛，整片土地上都覆蓋著驚人的紫色花朵。那場火顯然有什麼因素造成種子發芽。林地是非常複雜的地方，火災也很複雜。火災之後發芽的種子在發生火災時暴露在熱氣和煙霧中，而在火災過後的季節，種子接觸到較明亮的光（因為大型植物被燒光），並從灰燼中吸取一堆養分。將大火所有錯綜複雜的狀態納入實驗中完全無益理解何種因素促成種子發芽。我的研究助理和我反而需要簡化的實驗。我們的假設是煙霧裡的化學物質促成種子發芽。

## 驗證假設

科學家一旦提出假設，便必須加以驗證。驗證假設而非接受一般看法的概念為科學的特點，至少可追溯至法蘭西斯・培根（Francis Bacon）的《新工具》（*Novum Organum*）[9]。

為了驗證假設，必須找到比較對象。也就是說，你必須知道萬一假設並非為真，測量結果會是如何。你的**虛無假設**（又譯零假設，null hypothesis）說明了萬一主要假設錯誤時你預見的結果（「零」〔Null〕代表沒有）。

有時科學家會進行實驗以驗證假設。在實驗中，科學家實際上會控制各種條件，而這有助於盡可能消除其他外部因素。**實驗組**根據的是假設，**對照組**的基礎則是虛無假設。

為了驗證前述根生長的假設[10]，我要學生在玻璃管內栽種幾株向日葵的幼苗，上面鋪了數層肥沃和貧瘠的土壤。我們觀察（並測量）根部穿過土壤層時從外部可看到的生長。只要根部生長到每根玻璃管的底部，我們就能比較肥沃土壤與貧瘠土壤中根生長的數量。肥沃的土壤層是實驗組，貧瘠的就是對照組。我們也使用純粹盛裝肥沃土壤或貧瘠土壤的玻璃管，藉此比較我們的結果。我們發現根部在肥沃土壤會比在貧瘠土壤生長得更多。

學生可以透過玻璃觀看並測量根生長。在一些玻璃管柱中，幼苗會先接觸到一層厚厚的壤土，而在其他管柱中，則會先接觸到一層厚厚的珍珠岩，藉此修正了「順序效應」（參見第十二章）。在「順序效應」中，初次的接觸具有決定性。即使最上層是珍珠岩，還是有必要鋪上**薄薄**一層壤土。壤土包含了抑制真菌生長的微生物。要是沒有這些微生物，真菌會摧毀純粹長在珍珠岩上的幼苗。對照組是純粹的壤土或純粹的珍珠岩。這項實驗使用了豆子，其根部在壤土和珍珠岩生長情況並無區別。利用向日葵重複進行實驗時，根部在壤土比在珍珠岩生長更多。

為了驗證「煙與種子發芽」的假設，我們將種子放在濕潤的紙上，置於透明的小培養皿中，再放在燈光下。[11]總共使用了約二十個培養皿，其中半數裝了白開水，另外一半則裝了注入煙的水。裝白開水的培養皿是對照組，注入含煙的水的培養皿則是實驗組。我們發現白開水中的種子並未發芽。也就是說，光和水並不足以促成種子發芽。但許多在含煙的水中的種子發芽了，顯示出煙霧會促成發芽。（我們每個實驗組大可僅使用一個培養皿，但科學家必然會一再重複實驗，因為你永遠不知道每個培養皿會發生什麼事——真菌可能開始生長於其中，或者蓋子可能被碰落，誰知道呢？我們在每一個培養皿中放了約二十五顆種子。）這些培養皿是森林大火的複雜現實中極為簡化的子集合。

我們實驗唯一困難的部分就是將煙注入水中。有些科學家利用專門儀器進行，例如泵浦、試管及玻璃管。但我的助理和我使用了一個水煙管。我們燒了碗裡的橡木，然後使用吸鼻器從儲水器汲取煙霧。我們這麼做而不是一口一口的抽煙，因為抽煙要花三小時，誰想花三小時抽橡木？大多數使用這種管子來抽菸草或其他東西的人是要吸煙，但我們要的是水。三小時後，水成了混濁的琥珀色。除了我們實驗室裡已經有的培養皿，我們的實驗不花一毛錢，因為我的助理本來就有水煙管。我從沒問她平常拿那做什麼，但我只會說，她的親戚住在奧克拉荷馬東部鄉村的森林中。

如果假設證實是正確的，那就太棒了，科學家可以就此寫篇論文（我們這樣做了）。但如果假設證實是錯誤的（虛無假設才是正確的），科學家就必須修正假設，重新試一次。

就某方面而言，科學是一種排除的過程。你驗證一個又一個假設，直到你找到有用的那個為止。不只科學家會這樣做。讓我舉個例子。你聽過「車談」（Car Talk）嗎？那是一個廣播節目，聽眾可以打電話進來詢問和他們車子有關的問題。主持人湯姆·馬格里奧奇（Tom Magliozzi）和雷·馬格里奧奇（Ray Magliozzi）很有趣，但他們也隨時在運用科學的方法。要是有人稱他們科學家，他們可能會大笑，但他們的確是。讓我用汽車的例子來解釋科學過程。

假設你車上的機油燈亮了。你可能會一時驚慌，但很快你的大腦（沒錯，你的大腦）會轉換至科學的思考模式。你的第一個想法（假設）可能是你的車機油不夠了，然後你會驗證你的假設。接著你會用油標尺檢查油位。如果油位過低，你就會加機油。但假設油位並沒有過低。你的下一個想法（假設）可能是油泵浦壞了，所以你會找汽車技工檢查油泵浦。假如那就是問題，你只需要換新的油泵浦。但假設油泵浦沒壞。或許你的下一個想法（假設）是濾清器塞住了，所以你會找你的汽車技工檢查濾清器。但如果那不是問題，或許是油位感測器故障了。你會一個接一個地排除可能性。

你必須確保你正確地做了驗證或實驗。舉例來說，你必須關掉引擎，把油標尺擦乾淨，然後重新插入。

我剛剛描述的就是科學方法。你有一項必須解釋的觀察。你提出一個假設，然後驗證，可能最後你會驗證一連串假設。到頭來，除非問題變得太複雜，你覺得不值得浪費時間、金錢解決，否則你一定會得到答案。這是常識。排除的過程就是科學。

就像我在前言裡所說，沒有單一一組構成科學方法的步驟。我說過有兩個步驟：提出假設，然後驗證。但我們可以擴充這兩個步驟。以下是我稍微延伸的基本要素：這一章已經描述了前三部分，剩下四個部分就是這本書接下來的重要內容。

- 我們確定一個假設。

- 我們也確定一個虛無假設。
- 我們設計一個驗證假設的方法，排除外部因素。
- 我們花很多時間思考我們可能犯錯的各種方式，這樣我們就可以在進行研究**之前**預防這些事情發生，而不是事後設法找出哪裡出了問題。
- 我們進行研究並蒐集數據。
- 我們針對結果進行統計分析。
- 然後我們得出結論。

科學家需要假設不只是為了得出結論，也是為了從事任何科學工作。沒有假設引導我們，我們科學家就會在充滿刺激迷人數據的世界裡東奔西跑，就像一隻待在充滿新奇事物房間中的小狗。

有時候很難決定兩個競爭性的假設哪一個是虛無假設。舉例來說，你可以思考一下使用除草劑於農業中的爭議，尤其是草甘膦這種孟山都除草劑中的活性化學物質。你不知道有爭議？這是因為在美國爭議並不大。這裡假設草甘膦絕對不安全（也就是說會對人類或動物健康造成副作用），否則我們應該接受草甘膦**安全**的虛無假設。因此，證明的重擔就落在聲稱它不安全的人身上。但對許多歐洲的科學家及公民來說，兩個假設是顛倒的。這裡假設孟山都必須證明草甘膦毫無疑問是安全的，否則我們應該接受草甘膦**不安全**的虛無假設。這時證明的重擔就落在孟山都頭上。[12]

在前面提到的部分，我已經假設虛無結果（「這沒有用」）是不好的。但實際上，如同斯圖亞特．法爾斯坦（Stuart Firestein）在《失敗：科學的成功之道》（*Failure: Why Science Is So Successful*）解釋的，虛無結果很重要。[13]科學家很少報告假設失敗的實驗。但法爾斯坦聲稱，科學家應該這樣做，因為其他科學家應該知道哪些假設已經失敗，就不會重蹈覆轍，或者可以改進之前科學家使用的技術。法爾斯坦思考著有建立虛無結果的線上資料交換中心，供科學家查詢的可能性。當然，虛無結果的敘述並不像確證假設的結果一樣有力。讀一則虛無結果就像讀派瑞．梅森（Perry Mason）探案一樣，英雄般的律師不僅犯下錯誤，謀殺案也從來沒有水落石出過。

因此，科學其實就是**有組織的常識**，傑出的科學家暨達爾文的友人湯瑪斯．亨利．赫胥黎（Thomas Henry Huxley）早在一百五十年前就這麼說。但科學常識和一般常識不同，因為科學家以訓練有素的方式，運用了假設與驗證的方法。對許多人來說，光能想到假設就夠好了。但對科學家而言，假設並不是終點，而是起點。科學家接受假設之前，必須先行驗證。

如果科學只是有組織的常識，可能會有人認為科學一定是非常簡單的過程。只要驗證創造出的假設並從中得出結論。但人類心靈無法客觀看待世界，人類心靈會受到錯覺，有時候是幻想的唬弄。這樣一來，科學家的心靈就和其他人沒有兩樣。科學家的工作很大一部分是試圖找出偏見及錯覺，並加以修正。如果真要說的話，這會比其他科學上的努力耗費更多的時間、精力及資源。那就是本書下一個部分要討論的內容。

**自己動手做**

想一件你相信的事，而且至少部分有科學資料的根據。把它變成一個假設，同時確認一個虛無假設。嘗試讓你的假設可以否證。也就是說，你的觀察結果有哪些可能顯示出你相信的事物是錯誤的？

# 第二章　科學和小說：有組織的常識和有組織的創意

科學的思考方法並不是專屬於科學家。就像我在上一章解釋的，汽車技工也會運用科學方法。但讓我再告訴你另一個例子：寫小說的過程也類似於科學的過程。我是科學家、科學作家，也是小說家。我不是小說專家，但至少我知道莫馬代（F. Scott Momaday）和費茲傑羅（FN. Scott Fitzgerald）之間的區別。同時作為科學家及小說家的斯諾（C. P. Snow）曾問，有什麼會比科學和藝術之間差距更大？[1]但兩者之間的差距並不如你想的那樣大。

## 一些經典的例子

科學性的思考是人類最強烈渴望之一的專業與純粹形態：解答謎題的渴望。推理小說類型的存在就是因為這股渴望。福爾摩斯因運用科學方法解開罪案而聞名，但他並不是始祖。

根據作者不詳的聖經故事「彼勒和大龍」（〔Bel and the Dragon〕，出現在天主教聖經，但未出現在基督新教聖經），一位名叫但以理的猶太英雄在波斯王的宮廷上公然反抗異教教士。但以理拒絕崇拜異教的神彼勒或向祂獻祭，被征服的以色列人都奉命要崇拜祂。教士背後有國王的權威撐腰，閃閃發亮的金壇讓信徒心生敬畏。權威和敬畏之心就成了教士要求信徒信奉的基礎，但他們也聲稱握有證據證明彼勒是偉大的神。證據就是每天晚上，他們會放麵包、肉和酒在祭壇，隔天早上，食物就不見了，這證明彼勒吃了這些東西。他們說，就算沒有**看到**或聽到彼勒又有什麼關係？彼勒會吃東西，這不就能證明他是真實的？

但是但以理不信這套。他不相信地方的神會因為剛吃下肚子的東西心情好或不好，但他相信存在一個偉大的上帝，掌管了天堂和人間。因此，他用科學試驗向教士挑戰，他希望他們證明彼勒的確吃了放在祭壇上的食物。國王也對這件事很有興趣。試驗的賭注很大。但以理說如果彼勒吃了食物，他就接受處決，但如果彼勒沒有吃，那些教士就應該接受處決。國王和教士都同意了這項挑戰。

教士準備了食物放在祭壇上，然後關上通往聖堂的門，接著鎖上，再用國王的印信封門。但就在他們都離開聖所之前，但以理在地板四周撒了一些麵粉。

隔天早上，國王發現印信完好如初，於是他、但以理還有教士便進入聖所。看，食物不見了！那些教士已經準備好慶祝他們的勝利和但以理的死亡。但是但以理要他們等一等，他問他們是不是在地板上看見他看到的東西，他指向留在麵粉上的腳印。腳印通往一道暗門，教士就是通過這扇門進入聖所，拿了食物自己吃掉，但在黑暗中他們沒看到麵粉。於是國王下令立刻處決那些教士，但以理則變成政府的重要官員。

這則古代的故事描述了科學假設間的原始較勁。教士把前門鎖起來封住，藉此驗證「彼勒吃了食物」的假設。但是但以理把麵粉放在地板上，以驗證「教士吃了食物」的假設。

另一個科學出現在文學中的例子是莎士比亞的《哈姆雷特》（*Hamlet*）。哈姆雷特的父親，也就是先前的國王的鬼魂，於夜晚在陰暗的城堡塔樓向年輕的王子現身。鬼魂告訴王子，當前在位的國王把毒藥灌進自己的耳朵，謀殺了他，這很類似一齣叫《謀殺貢札果》（*Murder of Gonzago*）的劇。鬼魂要求哈姆雷特復仇。哈姆雷特發現自己處於認識論的兩難局面。他要怎麼說服任何人，甚至他自己，他看到自己父親的鬼魂，而這不只是幻覺而已？他需要外部證據。但要怎麼從已經腐爛的屍體找出下毒的證據（在化學出現之前的年代）？

後來有一天，一團四處遊歷的劇團行經城堡後停留下來。年輕的科學家王子閃過一個絕妙的念頭，他要那群演員演出《謀殺貢札果》。哈姆雷特要觀察國王，看謀殺場景是否激起他任何反應。假如國王毫無反應，他可能就是清白的，而鬼魂只是幻覺；但要是國王良心自責，他可能就會表現出某些反應。哈姆雷特觀察國王的方式就像警探偵訊時觀察嫌犯一樣，都要找出犯罪反應的證據。如同哈姆雷特所說：「演戲是我刺探國王良知的手段。」事實上，國王的確有反應，而哈姆雷特的結論就是他的確見到父親的鬼魂。接下來就是複雜的故事了。

## 現實的簡化模型

對博士和藝術創作碩士來說，說科學和小說相似可能聽起來會很荒謬。有些科學家會以「好吧，如果你喜歡小說的話」來打發同儕的推測，還洋洋得意地認為這是最嚴重的貶低。他們可能把寫創意小說的作家們想成像孩子般在胡搞瞎搞，不受現實的成人世界束縛。就他們來看，許多創意作家實際上忽視了科學，認為科學是人類經驗死板而沒有靈魂的模式。我已經數不清我讀的故事裡有多少個基本的科學錯誤。我讀過兩個小說家的作品，他們都認為聲音的速度比光快。但有些人跨足兩個領域，包括喬治・蓋洛德・辛普森（George Gaylord Simpson）及愛德華・威爾遜（Edward O. Wilson），這兩位科學家都寫了小說。[2]另外，約翰・厄普代克（John Updike）這位小說家對科學頗為熱衷。[3]同時探索科學和文學世界的重要例子還有艾倫・萊特曼（Alan Lightman），他對物理學有著卓越的貢獻，除了寫出許多精彩的短篇故事外，還寫了《幽魂》（*Ghost*）和《g先生》（*Mr. g*）等重要的小說。[4]雖然萊特曼的小說包含許多科學題材，但他的短篇故事卻沒有。兩位最知名的科學作家卡爾・齊默（Carl Zimmer）和大衛・逵曼（David Quammen），是在小說的世界開始他們的寫作事業，而非科學的世界。或許這就是為什麼他們那麼擅長在科學中找到敘事結構。

思考一下科學家和作家都必須做的事。他們都必須解釋東西。為了這麼做，他們必須提出假設（通常在小說中並未明說），來創造現實的簡化模型，然後加以驗證。

小說中的假設來自哪裡？就像科學一樣，小說的假設來自你自己體驗過的事物、你去過的地方，還有你了解的東西。身為當地居民，我很容易就可以辨識出一個背景在奧克拉荷馬的故事，是由一個沒有在那裡住過的作者所寫。這就是為什麼無論是科學家或小說家，製造假設的人都必須站起來走到外面，體驗這個世界。

小說也使用了現實的簡化模型。現實生活中發生了非常非常多事，且非常非常多事也都是毫無預警就發生。但在小說中，發生的任何事都必須推展情節，而且一定會預示後來發生的事。真實世界中，有時候事情發生的原因並不明顯。但在小說中，這就代表失敗。科學也一樣。宇宙由各種粗糙和濕軟的成分組成，非常複雜。科學研究不只記錄下發生的事，也會說「你瞧發生了什麼事」。科學創造了現實的模型，從中可以了解自然運作的過程。

我們進行並閱讀科學研究，書寫並閱讀小說，才能更了解這個世界。這只能藉由精簡後的現實模型才能達成，這樣才能了解模型內的運作機制。一個故事必須是容易了解的現實模型，而不只是一堆現實的堆砌。它必須是聚焦的現實**折射**，而非**反射**。高舉鏡子朝向自然並不是科學家或小說家的所作所為。他們會拿透鏡朝向現實之光，將光束分裂成各個彩色的成分來分析，並聚集光束以徹底了解。

小說家也會驗證假設。他可能會創造一個角色，然後進行模擬，去看這個角色會如何反應生命中的各種狀況。作家**用角色做實驗**，只是這實驗發生在作家的腦海中。科學家和作家的實驗都必須通過現實的驗證：我在關於根部的假設必須準確預測實際的根會如何生長，而作家的角色必須依照他們在真實世界中會有的舉止行事，無論是我們目前所處的世界或像中土（Middle Earth）那樣的不同世界。小說中並不是什麼事都會發生，就像科學一樣。我提過一些我做過的失敗假設，還有我也說過一些我寫過的失敗的角色和情節，「這是行不通的」。即使故事發生在遙遠銀河系的星球上，還是必須「行得通」。

史蒂芬．金的《戰慄遊戲》（*Misery*）這部小說中，一位知名作家在鄉村遭到一名精神錯亂的護士挾持。[5]那名護士不喜歡作家讓他的主角在上一部小說結尾死掉的方式，所以用自己的方式讓作家寫一本新書去解決這個問題。因此作家做的第一件事就是寫一本新書，假裝主角根本沒死。護士勃然大怒。她說這不公平，作家必須將新的情節融入之前的情節中！作家無法自由捏造他想寫的東西，他必須讓故事**行得通**。所以作家想出一個情節，主角陷入昏迷，而不是真的死掉了。作家的性命取決於新的情節成功與否。你不能只是在故事尾聲利用完全沒有預料到的力量或角色，拯救紊亂的情節。古代戲劇中，眾神會拯救世人，古典學者稱這個過程為**神仙搭救**（deus ex machina），神來自機械之外。歐里庇得斯（Euripides）大量地使用了這種方式，舉例而言，他讓赫丘利（Hercules）出現，在某個角色即將遭到殺害前拯救了她。很顯然地，機械的確出現在故事中，因為意料之外的拯救者用吊車降臨到舞台上。科學家強力反對

「神仙搭救」的安排，程度更甚史蒂芬．金小說裡的護士。我們必須把解釋置入一個連貫的因果關係網絡中。

讓我們思考一個可能在科學上永遠沒有辦法驗證的假設：生活在火星上的人類最後會演化，長出比較大的大腦。為了要驗證這個假設，你必須讓好幾代的人類生活在火星上。要建立這樣人口樣本數夠大的殖民地花費高昂，光憑這一點，要讓人類生活在火星上就算有可能，也不會很快實現。居住在上面的人需要類似地球的大氣和溫度環境，但火星殖民地重力會小很多。人類沒有更大的頭的其中一個原因，是因為我們的脖子無法支撐那麼大的頭。在地球是這樣。但或許在火星，纖細的脖子就可以支撐大頭。大頭也會造成生產過程的問題，有大頭的胎兒無法順利穿過產道。但人類若能殖民火星也就能夠讓所有生產都是使用剖腹。這個概念只能藉由猜測來探究，[6]而小說就正好完全適合這種調查。

小說可能也提供我們和偏見、無效性相關的絕佳例子，並告訴我們如何避免。假如你想練習邏輯思考及找出無效的假設與偏見，看《梅森探案》的重播幾乎可說是最好的選擇。這個電視節目改編自厄爾．史丹利．賈德納（Erle Stanley Gardner）的小說，從一九五七年播映至一九六六年。梅森這個角色是個英雄般的辯護律師，由雷蒙．布爾（Raymond Burr）飾演，許多大眾認為科學方法最吸引人的部分都融入這個角色之中。他擁有超凡能力，能從證據中獲得具邏輯的結論。同時在他邏輯的表面之下，也充滿對正義的熱情。其他角色也充滿熱誠，特別是威廉・塔爾曼（William Talman）飾演的洛杉磯郡地方檢察官漢彌爾頓・柏格（Hamilton Burger）。每一集中，柏格的熱情很早就蠢蠢欲動，造成他很快下結論，並控告無辜的人謀殺罪。梅森則將熱情保留到後面，也就是仔細檢查所有的對立假設**之後**。他製造這些對立假設時極具創意，有時到了令人難以置信的地步。最後，梅森常常會在法庭內建立實驗，或至少模擬，而柏格總會譴責這是「法庭上的詭計」。但是這些實驗使所有觀眾驚訝地發現，他們一直認為的假設是不可能的。他通常會在節目四十五分鐘左右將犯罪者逼至絕路，到這時他才會流露出他的熱情。

每一集《梅森探案》中，每個人都對一開始被控謀殺的人懷抱偏見，這通常是因為被告是外人，或是貌不驚人，或是比較窮，或是過去有犯罪紀錄。甚至連梅森一開始也常抱持偏見，但之後就會產生疑問。梅森像科學家一樣，強迫自己檢視其他的解釋，這讓他得以注意到其他人忽略的關鍵細節。某一集中，一個女人打電話給梅森說她被下毒，**然後掛斷電話**。[7]大家對她外表較平凡的表妹，也就是被告抱持偏見，因此忽略了在下（非致命的）毒的場景中，電話話筒還在地板上。當然，梅森除外。結果是那女人假裝自己被下毒。另一個梅森避免偏見的例子是他對待貧窮的客戶和有錢的客戶並沒有分別。某一集中，他接了一個女性客戶而不是參議員的案子。那名女性只能付他三十八分錢，但參議員則提出一萬元的條件。[8]

但我們也不能讓假設限制了我們的視野。科學家就像小說家一樣，必須敞開心胸接受驚奇。我們不能表現得好像無所不知。我的植物和我的小說情節都有驚人的事件轉折。我們必須在能取得新資訊時，願意修正我們的假設。寫小說時，作家可能會領悟到因情節所需，其中一個主要角色必須死，作家就得讓這個角色死掉。在科學裡，我們有時候必須放棄很重視的假設。

當然，最大的故事就是宇宙的歷史。有些科學家，例如烏蘇拉．古迪納夫（Ursula Goodenough）和我自己，都曾寫了和這故事相關的書。[9]這些書都不出名，部分原因是我們人類對自己比對宇宙來得有興趣許多。

的確，科學家通常很聰明。我們科學家提出假設、設計實驗及詮釋結果時，必須在腦海中釐清許多事實。但其他很多人也是這樣。技工必須在大腦裡存放許多車子相關的知識。科學和隨意的想法間的不同並不在知識或細節的層面，而在驗證假設的訓練——這種訓練在其他思考模式中多多少少也可以找到。

**自己動手做**

想一件你想知道的事，並且提出可能的，但（現實中）只能透過小說的方式驗證的科學假設。

# 第三章　利用山做實驗

科學家會以有創意的方式驗證假設。但在自然世界中，很多事情會突然發生，可能會在驗證假設時製造出混亂。因此，科學家希望除了他們探究的事物之外，盡可能在他們能控制所有因素的情況下進行實驗。也就是說，科學家進行實驗就像希區考克（Alfred Hitchcock）使用室內場景一樣。希區考克無法控制室外的風，但在室內場景中可以用風扇製造出適當的風量。

當然，並不是隨時都有可能進行實驗。但科學家已經注入許多創意設計實驗來驗證假設。過去，唯有從未受控制的自然世界中測量，才能探究這些假設。科學家並不是一開始就預設一個實驗會過於龐大、過於昂貴或過於複雜。他們可能必須先得出這樣的結論，但不應該一開始就這樣預設。本章會解釋科學家有時會展現出驚人甚至荒謬的創意，將未受控制的假設驗證變成受控制的實驗。科學家常在實驗室做實驗，因為這比較容易調整各種條件，但很多實驗會在室外進行——前提是要有對照組。

## 對照組

建立適當的對照組是科學實驗最重要的部分。弗朗切斯科・雷迪（Francesco Redi）就因此在歷史上記上一筆，成為科學實驗的先驅之一。他的研究結果發表於一六六八年。雖然這對今天的我們來說可能看起來很奇怪，但當時的人認為肉只要一腐爛，就會自然產生蛆。再者，似乎沒有人知道蛆會變成蒼蠅。雷迪假設蛆是幼蠅，從蒼蠅在腐爛的肉裡產的卵長出來。雷迪把肉放在玻璃燒瓶中腐爛。他在一些燒杯上蓋了網子，阻絕蒼蠅飛進來，但除此之外幾乎沒有改變燒杯內的任何條件。這些就是對照組（沒有蒼蠅）。開著的燒杯會有蒼蠅進入，這就是實驗組。對照組燒杯裡的肉會腐爛，但並沒有製造出蛆。雷迪也撈出一些蛆，讓牠們長成蒼蠅。有人會認為這實驗對今日的科展作品來說太簡化（也太噁心），但藉由這項實驗，雷迪發明了實驗的技術，並推翻了有千年歷史的理論（自然發生的理論）。幾個世紀後，路易・巴斯德（Louis Pasteur）為他的實驗建立了更精緻的對照組，該實驗證實微生物會造成腐化。他使用了一些玻璃燒杯當作對照組，承裝了培養液，但不含細菌，其中一個燒杯現在仍在博物館裡展示——而且裡面的培養液仍未腐壞。

雷迪的對照組——蓋了網子的燒杯——必須和他實驗組的燒杯盡量一致。舉例來說，假如他把對照組的肉放在蓋了網子的燒杯裡，但讓實驗組的肉放在盤子上，兩者的條件就無法比較，例如放在盤子上的肉至少到中途就會乾掉。但在雷迪的實驗中，實驗組和對照組盡可能一致，除了網子和蒼蠅外。

設計實驗時，如果有對照組的話，對照組適當與否很重要。假設你想確定針灸是不是有效的治療方式。你的對照組不能只是一個沒有針灸過的人，然後拿他跟針灸過的人比。適當的對照組會是一個人在身體隨意部位針灸（當然要避開某些特別敏感的點），而不是在針灸師宣稱重要的部位針灸（所謂的穴道）。完全未穿刺的對照組不會包括穿刺本身對皮膚、免疫系統等的影響。

在某些例子中，不可能建立對照組。我的一些研究牽涉到植物對光強度反應的生長模式。我的假設是在微弱的光底下生長的植物和在明亮的光底下生長的植物相比，製造出較大的葉子與較小的根。聽起來夠簡單了。但對照組是什麼？你可能會猜對照組可能是黑暗。但使用黑暗作為對照組會造成誤導。在黑暗中，很多植物的生長的會變異常：變成白色、沒有葉子，而且細長（事實上，這些特性只有對地上生長的植物來說才算異常，對在地下生長的植物而言這很正常。這是自然中唯一一個地方種子可能接觸到拉長的黑暗時間。）。因此，我沒有使用實際的對照組，反而用了兩個實驗組：明亮的光和微弱的光。[1]

但即使是這樣也有點複雜。要增加光強度而不同時改變其他的環境變數是不可能的。在明亮的光照射之下，樹葉吸收了較多光，溫度會比較高，而這種熱有些會擴散到空氣中，空氣溫度於是跟著升高。溫度較高的空氣會因此相對濕度較低，也就是比較乾。所以光是增加光強度我就改變了三項環境變數，而不只是一項。「高光」植物也會感受到較高的溫度和較乾的空氣。沒有任何方法可以避開這個問題。你可以把冷空氣透過高光植物生長箱打進去，冷卻樹葉。但如果你這麼做，兩個實驗組的氣溫就會不同。我處理這個問題的方法就只是說明，在自然條件下，陽光的條件比較溫暖，就像在這個實驗一樣，所以不必擔心。

## 荒謬的創意實驗第一部分：蜘蛛

有時候你需要一些真正的創意來想出適當的對照組。在一項研究中，研究者發現蚱蜢一遇到蜘蛛，新陳代謝就會變化。[2] 牠們受到蜘蛛驚嚇時，就會想（假如我們能把這個詞用在蚱蜢上的話）攝取碳水化合物，牠們的壓力荷爾蒙會導致細胞分解蛋白質，製造出糖分。牠們會攝取較少的蛋白質（含氮原子）和較多的碳水化合物（不含氮原子）。從蚱蜢身體減少的氮對整個食物鏈具有相當顯著的效果，甚至會減少細菌分解草原上落葉層的速度。這會發生是因為蚱蜢的糞便含的氮較少。氮會促進細菌分解速度。但蚱蜢會有壓力是因為蜘蛛會吃蚱蜢，還是因為蚱蜢怕蜘蛛呢？適當的對照組就是使用無法真的吃蚱蜢的蜘蛛。因此，研究者將蚱蜢暴露在蜘蛛面前，而**這些蜘蛛的口器已經黏了起來**。這些科學家並未以蚱蜢、蜘蛛及野生草原驗證假設，反而使用了精巧的實驗裝置，在這個裝置中，蜘蛛會嚇壞蚱蜢，但不會傷害到牠們。注意了：這只是我要告訴你的幾個極具創意的實驗中第一個而已。

## 荒謬的創意實驗第二部分：花和蜂鳥

另一個把觀察化為實驗的好例子來自授粉的世界。

首先我先告訴你一些和授粉相關的背景資料。授粉者在一朵花上逗留時，例如蜂鳥逗留在野生的煙草花上，就會出現自我利益複雜的相互影響。花朵不只是提供花蜜，對授粉者示好；授粉者也不只是隨身攜帶花粉，對花朵友善。假如花朵不提供獎賞（例如花蜜）、不必大肆宣傳（例如具有鮮豔的花瓣）就能讓授粉者帶著花粉，那朵花理論上降低營運成本就能製造出更多種子。事實上，花蜜本身就是一種宣傳，而不只是獎賞。花蜜中的糖分是熱量的獎賞，但花蜜也有易揮發的香味化學物質苯甲醛，蜂鳥遠遠就可以聞到。但如果你是野生的煙草花，製造花蜜和花瓣就是經營事業的部分成本。同理，如果蜂鳥可以坐下來喝花蜜，而不是每秒拍動翅膀好幾十次，牠的營運成本會減少，並留下更多資源繁殖後代。但對蜂鳥而言，四處飛是經營事業的一部分。

問題是煙草花如何不讓蜂鳥只是棲息在一朵花，滿足食欲，而得以異花授粉？煙草花有兩種主要方式可以做到這一點。首先，每朵花只會製造一點點花蜜。為了獲得足夠的食物，鳥必須在不同的花間穿梭，而這些花很可能分屬不同的植物。第二點才真正令人驚訝。花製造的花蜜會有帶苦味的化學物質。野生的煙草花中帶苦味的化學物質是尼古丁。它們製造尼古丁很可能是要激怒鳥類，牠們會因此飛來飛去尋找味道比較好的花蜜。這導致了一項假設：最常被授粉的花就是「同時」製造苯甲醛（吸引蜂鳥）以及尼古丁（激怒蜂鳥）的花。

驗證假設的「自然」方式就是讓花「決定」要製造多少苯甲醛和尼古丁。研究者可以利用一個小針筒採取每種花的花蜜樣本（樣本數大約一百），並測量苯甲醛和尼古丁在那些花每一種花蜜中的濃度。然後研究者可以用兩種方式測量花朵是否成功。首先，研究者可以記錄每種花有多少隻蜂鳥逗留，逗留時間多長，藉此測量授粉的成功率。再來，研究者可以之後回頭看每種花製造出多少種子，藉此測量繁殖的成功率。研究者可能會驗證以下假設：製造出的花蜜苯甲醛「以及」尼古丁含量最多的花，比其他苯甲醛**或**尼古丁含量較少的花更成功。這並不是一項實驗，因為研究者只需要接受每種花恰好製造出的苯甲醛及尼古丁數量。

但一群研究者**使用基因工程**製造出四組植物：[3]

- 花蜜含苯甲醛和尼古丁的植物。
- 花蜜含苯甲醛但不含尼古丁的植物。
- 花蜜含尼古丁但不含苯甲醛的植物。
- 花蜜不含苯甲醛和尼古丁的植物。

這些植物除了苯甲醛和尼古丁含量外，其他條件非常類似。藉由這種作法，研究者把他們的研究轉化為實驗，第四組植物則為對照組。研究者負責調查每種花的花蜜含有何種化學物質，而非只能對自然界花朵的花蜜所含物質束手無策。

但研究者如何知道他們的結果不是基因工程本身過程的副產品呢？或許基因工程在花朵中製造出某種除了苯甲醛和尼古丁之外的改變，吸引蜂鳥回應。在上述四種條件中，只有第一種代表自然植物，其他三種都經過基因改造。但這並不是研究者做的事。他們也將第一組的植物基因改造：他們使用生物技術移除苯甲醛和尼古丁的基因，**然後再放回去**。要是他們不這樣做，實驗就會有瑕疵，這就像雷迪把實驗組的肉放在盤子上，而把對照組的肉放在罐子裡一樣。四組實驗組除了苯甲醛和尼古丁之外，都必須**盡可能類似**。實驗者發現基因工程的過程本身並沒有改變實驗結果。

## 荒謬的創意實驗第三部分：螞蟻

把觀察研究變成實驗研究是我最愛的例子之一。三位歐洲的科學家於二〇〇六年發表了一篇論文。[4] 他們使用了科學文獻中盛行的冷靜且不帶偏見的書寫模式，但他們的標題則不然：〈螞蟻計步器：踩高蹺和踩在斷腿上〉（The Ant Odometer: Stepping on Stilts and Stumps）。下了這樣的標題，你怎麼可能忍得住不讀下去呢？

我在之後的章節會談到，螞蟻似乎具備邪惡的集體智慧，但實際上牠們沒有。每隻螞蟻都只是遵循簡單的行為規則。我們充滿偏見的人類認為其他有機體有智慧，這樣要如何想出這些規則是什麼呢？這之後有一個有趣的小故事。

現在，這三個科學家問了一個非常簡單的問題。螞蟻要回家，怎麼知道要走多遠？別忘記，對這些小腦袋的生物來說，方法一定要真的很簡單。

這些科學家考慮了兩個可能性。第一種是「能量假設」：螞蟻會一直繼續往回家方向走，能走多遠就走多遠，耗盡特定的能量儲存量。另一種是「計步器假設」：螞蟻會把走的步伐加起來。這些論文作者很快就否決能量假設，因為他們發現螞蟻無論是否扛著東西（扛東西會消耗較多的代謝能量），走回家的距離都一樣。那這樣只剩下加總步伐的計步器假設。「加總步伐」不代表螞蟻真的會計算步伐的數目，因為只有人類能計算超過六或七的數目，大部分動物根本完全不會計算。比較可能發生的反而是螞蟻每走一步路，就會在體內累積或消耗一些分子，而那種化學物質消耗或累積到正確數量後，螞蟻就應該在家了。

但排除兩種假設其中之一並無法證明剩下的假設即為正確。假如其他科學家沒有想到的假設是正確的呢？正因如此，科學家設法在實驗上確認計步器假設。他們的實驗驗證簡單巧妙。他們假設短腿的螞蟻走的距離不夠遠，沒辦法到家（牠們「達不到」目標），而長腿的螞蟻會走太遠（牠們會「超過」目標）。但自然出現的長腿螞蟻和短腿螞蟻可能在許多方面都不一樣，不只是腿的長度而已。牠們可能分屬不同物種；牠們可能年齡不同；牠們甚至可能在生物群中扮演不同的角色。對科學家來說，必要作法反而是取樣來自同一個生物群裡的螞蟻，大小差不多，腿長相當，然後把某些螞蟻的腿縮短，某些拉長。

這要怎麼做到？首先，先找體型大的螞蟻。例如長腳沙漠螞蟻，牠們居住在撒哈拉沙漠，身長超過一公分。再來，你可以把螞蟻的腿折斷，縮短腿的長度。螞蟻就像其他節肢動物一樣，腿是分段的。你可以折下最外面的部分，把其他部分留在原位。這些論文作者把這些縮短的腿稱為「斷腿」。接下來，你可以用強力膠把小的短毛黏在螞蟻腿上。科學家為此使用了豬的鬃毛。這些作者稱這些拉長的腿為「高蹺」。你應該猜得到，這個巧妙的實驗設計讓論文聲名大噪。

這一開始聽起來很瘋狂。高蹺和斷腿不會傷害到螞蟻嗎？如果會的話，牠們能走多遠就變成測量牠們的受傷程度，而不是正常走路狀況。但科學家發現踩高蹺和斷腿的螞蟻走得就像其他未受傷害的螞蟻一樣。確定這些操控方式對螞蟻沒有影響的唯一方式就是製造「對照組」的螞蟻，牠們腿長正常，科學家把牠們的腿折斷，然後黏在豬鬃上，恢復牠們**原來**的腿長。但科學家並沒有這樣做。他們讓斷腿、踩高蹺和沒有受到操控的螞蟻去找新的食物來源，然後回家——牠們因此知道了一條新的路線。這一次，由於所有的螞蟻都有機會重新計算新路線的步伐總和，所以都直接回到家。要是牠們受傷的話，就不可能做到。

結果就在科學家的意料之中。斷腿的螞蟻走不夠遠，牠們停了下來，到處走動，一片混亂，找不到蟻窩。踩高蹺的螞蟻則走太遠，接著停了下來，到處走動，一片混亂。

你可能會想：**這種研究到底有什麼用？**我想說的是，這項研究幫助我們了解個別螞蟻的心理發生了什麼事，而生物群的集體智慧裡又有些什麼。請注意，踩高蹺的螞蟻就直接走過牠們自己的蟻窩，結果超過了目的地。牠們顯然並沒有思考、觀察周遭環境，聰明地找到路回家。牠們遵循一項非常簡單的規則：往回家路上走，直到加總步伐的化學物質告訴牠們停止為止。這項研究就像其他研究一樣，幫助我們了解螞蟻雖然只是遵循一些簡單的規則，卻有可能做到一些看起來很聰明的事，讓人起雞皮疙瘩。

## 荒謬的創意實驗第四部分：果蠅的宿醉

現代科學最偉大的洞見之一，就是所有的有機體都是從一種常見的古代物種演化而來。此外，所有動物都從古代的動物物種演化而來。這就是為什麼所有動物至少在基因和細胞層次上，具有很多共同點。這也是為什麼我們藉由研究動物，可以學習到許多人體生理學相關知識，而且不只是研究黑猩猩這類和我們關係密切的動物如此，連研究果蠅也是。現代遺傳學的原則有許多一開始都是由研究果蠅的科學家發現。每隔兩週，果蠅就會有下一代。此外，道德上幾乎沒有人反對進行果蠅研究。

科學家喜歡使用果蠅研究。這是因為果蠅很容易就養在小的塑膠玻璃瓶中。蛆要吃乾燥水果做成的特別食物（聞起來像香蕉），牠們的蛹一孵化，就會交配，然後把卵產在食物中。果蠅一孵化，科學家就會把牠們從瓶子取出，放到另一個瓶子。如此一來，科學家就可以控制哪些果蠅會和其他哪些果蠅交配。果蠅顯然不太挑剔，會和科學家放在一起的任何其他果蠅交配。假如我知道我只剩下兩個星期可活，絕對逃不出那該死的瓶子，我可能也會和陌生女性交合。果蠅並不是真的**知道**牠們壽命只剩下兩週，但演化會選擇要牠們的行為就像知道一樣。此外，果蠅的遺傳學也廣為人知。但這裡科學家使用果蠅研究最重要的原因如下：牠們實際上和人類有許多一樣的重要基因，包括一些與神經系統疾病如自閉症相關的基因。[5]當然，果蠅不可能罹患自閉症，但牠們可能具有會讓人類自閉的基因。

人類中欲求不滿的男性會尋求酒精慰藉似乎已經是常識，但這種渴望以及後續造成的行為模式其實已經有好幾億年的歷史。雄性果蠅會表現出一樣的行為。

一群科學家發現雄性果蠅遭到性剝奪時，會渴望酒精。[6]原來才剛交配過的雌性果蠅會強力抗拒新的雄性果蠅的求愛。研究者分出兩組雄性果蠅。第一組的雄性果蠅我們姑且稱為欲求不滿組，但科學家會避免加諸這樣的詞在動物身上，牠們實際上可能沒有那些感覺。這些雄性果蠅和才剛交配過且拒絕牠們求愛的雌性果蠅一起放在玻璃瓶中。第二組，也就是快樂組的雄性果蠅和很多樂於接受牠們的處女果蠅一起放在玻璃瓶裡。這是最南轅北轍的情況了，甚至對果蠅來說也是如此：一群雄性果蠅被迫禁欲，而另一群在後宮開派對。

之後研究者提供機會給兩組雄性果蠅：牠們可以選擇吃附加乙醇或未附加乙醇的食物。果蠅可以從小管子裡吃食物，牠們吃的食物數量很容易就從管子測量得知。研究者一進行實驗，就發現欲求不滿的果蠅選擇乙醇量提高的食物頻率較高。

現在問題來了：果蠅欲求不滿是因為性剝奪還是遭到主動拒絕？研究者要回答這個問題，必須利用未和這些雄性果蠅交配，**也未**主動拒絕牠們的雌性果蠅。也就是說，雌性果蠅要毫無反應地待在那裡。科學家讓雄性果蠅接觸未交配但**去頭**的雌性果蠅。（我提過科學家有可能荒謬到很有創意嗎？）雄性果蠅遭到拒絕或只是性剝奪似乎無關緊要，牠們表現得好像都一樣欲求不滿。

那發生了什麼事？很明顯，大腦中有一種稱為神經胜肽F（neuropeptide F, NPF）的化學物質，性剝奪會造成這種物質減少，乙醇則會增加這種物質。研究者甚至測量了果蠅大腦中的NPF濃度。研究者發表了具有這種化學物質的蒼蠅大腦亮起來和沒有亮起來的彩色圖片。人類也有類似的大腦化學物質，稱為神經胜肽Y。果蠅就和男人一樣，用乙醇彌補性的缺乏，至少在神經胜肽層次上是如此。

根據我這裡提出的例子，可以原諒你認為科學家喜歡折磨動物——折斷螞蟻的腿、把果蠅去頭、把蜘蛛的口器黏起來——但我們不是全都像那樣。我只會折磨植物。我拔下它們的葉子、撕破、磨碎，把它們的細枝浸泡在酒精裡……唉呀，我真是太忘形了。一定是我正在喝的杏桃啤酒搞的鬼。欲求不滿的雄性果蠅在啤酒旁飛來飛去。我本來以為是因為杏桃的香味，但實際上一定是酒精吸引了牠們。

## 荒謬的創意實驗第五部分：塑膠毛蟲

有些生態學家希望知道掠食性動物在某些棲息地中，例如熱帶雨林，是否會吃比較多毛蟲。研究設計似乎很簡單：只要觀察每個棲息地有多少毛蟲被吃掉，對吧？但沒有那麼簡單。他們必須日日夜夜觀察掠食性動物的活動。毛蟲從樹枝上消失不代表掠食性動物把牠吃掉。再者，沒有任何毛蟲物種會居住在所有不同的棲息地。研究者如何區分一般毛蟲及特定種類毛蟲遭到掠食的風險？他們找到方法解決以上所有問題。他們用了假的塑膠毛蟲。當然，掠食性動物無法吃塑膠毛蟲，但牠們會攻擊。牠們一這樣做，就會在塑膠上留下咬痕，然後塑膠毛蟲會掉到地上。接著科學家只需要撿起塑膠毛蟲，計算咬痕的數目。[7]

## 要是實驗不可能進行，你該怎麼辦？

只要有可能，科學家就會花許多精力和創意設計實驗。但科學當中當然有一大部分的實驗不可能進行。舉例來說，天文學就是如此。你大概只需要看著星星，或以其他方式測量它們，然後就到此為止。天文學家建立電腦模式，將這些模式與他們的觀察及測量結果相比較，但天文學家無法對恆星和行星進行實驗。天文物理學家可以進行一些實驗，例如粒子加速器的實驗。但這和對星星或黑洞進行實驗仍有一段很大的差距。

地質學大致上也無法實驗。舉例來說，我之前提過，六千五百萬年前，恐龍因為一顆小行星從天而降而滅絕。這肯定是最精彩的科學故事之一，而且正好也是真實事件。當物理學家路易斯・阿爾瓦雷茨（Luis W. Alvarez）和他的兒子這樣宣告時，大多數科學家都抗拒這種說法。但阿爾瓦雷茨的團隊發現最終證實令人心服口服的證據。[8]

為了驗證小行星的假設，科學家尋找了在小行星被推斷出的撞擊時間，所沉澱的某種化學元素。這種元素在小行星很常見，但在地球很稀有。實際上真的有這樣的元素：銥。恐龍時代的岩石和滅絕後的岩石間，有一層薄薄的黏土，其中富含銥。在其他岩石中，銥很罕見。這不可能進行實驗，但數據仍能令人信服。

## 荒謬的大型實驗

有些假設太過龐大，難以用實驗驗證，例如和小行星及黑洞有關的假設。但別只是認定實驗要是有困難，就無法進行。一九六〇年代，有些生態學家想驗證一個假設。他們認為山坡上的森林會減緩雨水流量，因此預防了坡底的土壤侵蝕和洪水。這言之成理，但要證明就是另一回事了。他們獲得適當的許可及協助，砍下山坡某區域的樹木，山坡其他區域的森林則保持完整。他們可以在坡底測量下雨時從山的特定區域流下的泥土、礦物和水的量。[9]他們必須確定砍伐精光和完好無缺的山坡其他部分盡可能條件類似，也必須確定山坡之下有一整層岩石，這樣水才會往山下流，而不是流進土壤中。因此，這些科學家對山進行了實驗。

其他科學家用整片森林做實驗。就像其他章節提到的，人類把二氧化碳大量散布到空氣中，而我們的工業、交通和能源生產則造成全球暖化。科學家希望知道這種多出來的二氧化碳是否會讓森林裡的樹長得更大。要是會的話，或許樹木就可以吸收二氧化碳，幫助平衡大氣層的二氧化碳，阻止全球暖化。如果真是如此，它們吸收了多少呢？這些科學家建立了像巨石陣一樣的環狀高塔，這些高塔會在環內釋放二氧化碳，造成環內的空氣比外面的空氣碳含量更高。除了這點之外，內部（實驗組）和外部（對照組）條件幾乎一模一樣。這些高塔會測量風速及二氧化碳濃度，並在適當時間及地點釋放二氧化碳。在過去，科學家會在溫室內進行這些實驗。我就負責了這些早期實驗中的一部分。但溫室往往比真實世界炎熱且潮濕。如果真的想知道森林對大氣層中提高的碳含量有何反應，你就必須對森林進行實驗，而不是只對溫室裡的幾棵樹實驗而已。[10]農場上進行過類似的實驗。[11]這可不是什麼好消息：森林或農場都無法從空氣中排除足夠的碳，預防災難般的全球暖化。

我們人類今天「對地球做實驗」，把二氧化大量散布到空氣中，不只是不幸而已。這也不是一個真正的實驗。首先，這實驗欠缺對照組——沒有另一個並未進行實驗的地球，只有一個全球混合的大氣層。他們只是像小孩子「做實驗」般地把蒼蠅的腿和翅膀拔掉，玩弄了地球。

因此，對已過世的大氣科學家史蒂芬・施奈德（Stephen Schneider）來說，情況看起來並不好。他認為大眾有必要了解被稱為「地球實驗室」的全球暖化現象。[12]

# 第四章　對與錯

現實生活中，犯錯的方式很多。但在科學中，犯錯的方式只有兩種。

第一種犯錯的方式是接受**錯誤肯定**（false positive）——也就是逕自下結論，實際上假設是錯誤的，卻說是正確的。第二種犯錯的方式是接受**錯誤否定**（false negative）——也就是逕自下結論，實際上假設是正確的，卻說是錯誤的。

錯誤肯定和錯誤否定這兩種錯誤都是不正確的，但一般而言錯誤肯定比錯誤否定更嚴重。以下是原因所在。設想一個測試藥物效用的實驗。錯誤否定會得出認為沒有證據顯示藥物有用的結論，但實際上藥物確實有用。這造成的唯一問題是研究者可能要重新設計實驗，或調整藥物配方，然後再重新測試。這會導致藥物上市時間延，當然也可能造成科學家浪費時間、金錢，這就是法爾斯坦何以呼籲要發表「失敗的」實驗。[1]

但假定科學家還不願意完全放棄某個假設，這時錯誤否定就可以激發科學家重新設計研究。在我先前提到的植物根的研究中，我和學生第一次嘗試時，我的假設並未被證實（也就是說數據符合虛無假設）。我們在第一次實驗中使用豆科植物。結果有兩個原因造成豆根並沒有特別容易在肥沃土壤中生長。首先，豆類種子很大顆，裡面儲存了很多養分，所以或許對豆根來說，找到更多養分並不重要。再者，豆子就像其他許多豆科植物一樣，和細菌存在互利共生的合作關係。細菌的功能就像小型的氮肥工廠一樣，因此豆子的幼苗不需要從土壤中攝取氮肥。它們仍需從土壤攝取磷，但或許種子裡已經含有足夠的磷。所以我們用向日葵取代豆子，重新做實驗。向日葵的種子比較小，而向日葵的根並沒有彼此互利共生，會製造肥料的細菌。第二次，我們確認了假設並否決虛無假設。我們從第一次實驗得到的錯誤否定只是延遲我們得到結論的速度，而且實際上在過程中也教了我們一些有趣的事。

但錯誤肯定會讓所有研究者跳起來大喊「我發現了！」，例如相信某種藥物有效，但實際上藥物根本無效。然後藥廠會分配很多資金生產藥物，花了很多研究時間，或許還花了上百萬美元後，才發現答案應該是「我呸」而不是「我發現了」。前面提到，我已經找出可能可以應用在醫療上的植物萃取物。我對這樣的研究算是外行。我提供一家小型藥廠我的研究相關資料，他們很有興趣，而且開始研究我寄給他們的植物萃取物。那家公司做的第一件事就是以我寄給他們的樣本，重新做我做過的所有測量。他們用自己標準化的方法實驗，而不是採用我外行的方法，之後才更進一步研究，藉此保護他們自己不會受到錯誤肯定傷害。他們發現我是對的。任何沒有小心保護自已不受錯誤肯定傷害的公司很快就會倒閉（一家較大的公司併購了那家小公司，之後終止了這項研究計畫）。

你絕對、絕對、絕對無法完全確定你在科學中是正確的或錯誤的（我相信在生活裡的其他方面也是如此）。堅持百分之百確定會癱瘓研究。所以科學家決定小小冒一下險。全天下的科學家決定接受**百分之五的錯誤風險**。也就是說，他們會容許有百分之五或百分之五以下的機率，去接受錯誤肯定或錯誤否定的可能。換句話說，他們接受正確與錯誤的機會是二十比一，但不能再低了。這很武斷，但你的確必須有某種執行標準。這導致了一種奇特的情況，一個達到百分之四錯誤率的團隊會大肆慶祝，但達到百分之六錯誤率的團隊卻會覺得挫敗。無論如何，要記得這是學術圈的成員遵循的規則之一，科學家同意接受百分之五的錯誤率，但不能再超過了。（百分之六的團隊可能會再重新嘗試，或許稍微增加樣本數，或提升技術，目的都是希望達到百分之五的標準。也就是說，他們會假設他們的失敗是錯誤否定的結果。）科學家會利用統計軟體計算這些錯誤率。

在某些例子中，百分之五的標準可能還不夠好。越來越多醫學研究者相信，一旦病人命在旦夕，百分之五的風險還是太高。他們之中有些人呼籲嚴格程度要達到十倍（百分之零點五而非百分之五的風險）。[2]

正因為一項實驗的結果只有百分之五的機會出錯並不代表要是從頭重複實驗，你會得到百分之五範圍內的顯著結果。最後你可能會獲得百分之六「不顯著」的結果，也有可能是百分之四。也就是說，就機率而言，你的結果可能變好或變壞。這是許多科學家希望訂定更嚴格顯著門檻的另一個理由，他們認為百分之零點零五仍嫌不足。

要是研究結果落在百分之五的門檻以下，科學家真的會欣喜若狂。事實上，他們的工作就是靠這一點。假如一個年輕科學家進行研究，結果一直「失敗」，產生虛無結果，他很快就會發現自己失業，無論在學術界或如藥廠管理的那種私人實驗室都是如此。虛無結果通常也等於關上大門，將競爭激烈的研究經費拱手讓人，特別是聯邦政府提供的經費（國家科學基金會和國家健康科學研究院是兩個主要的例子）。這導致了兩個不幸的後果（有些人稱為危機），特別是在生物醫學研究高風險的世界中。

第一個後果是越來越少科學家願意進行有風險的研究，也就是概念宏大但失敗風險高的研究。如此一來，大多數科學研究都只是將既有研究稍加變化組合而成而已。這稱為「安全科學」，因為這和已經證實有效的研究非常類似。但最有可能促成重大突破的，卻是概念宏大的高風險科學。蘿伯塔·奈斯（Roberta Ness）稱這種科學為「創意危機」。[3]創意具有風險，許多科學家因此選擇保持距離。

第二個後果是科學家為了要讓實驗結果「有效」，深感壓力。這造成很多科學家有意識或無意識走捷徑，數據還未能證明，便得出「發現真理」的結論。根據理查·哈里斯（Richard Harris）的說法，這樣的結果往往導致耗費數十億美元但有瑕疵的醫學研究。[4]很多時候這些錯誤的發生是因為偏見，也就是科學家看到他們預期看到的結果，而不是真正出現的結果。也有可能是因為無效，這代表研究結果不能應用於實驗室之外。避免偏見和確保效度是科學過程極為重要的部分，對日常生活中的常識也是如此，因此我下面部分會著墨更多。

科學調查也有可能發現**統計上**顯著的結果，避免錯誤肯定和錯誤否定的情況，但結果本身**科學上**並不顯著。某種藥物可能提升了百分之一的健康，這百分之一可能在統計上很顯著，但並不值得花錢發展藥物。

科學就像生活一樣，沒有辦法百分之百確定。但至少科學家可以計算他們面對的風險。

**自己動手做**

想一個你想了解的假設，並思考你可能會如何探究。假如你犯了錯，結果得出錯誤肯定該怎麼辦？要是得出錯誤否定呢？就你的假設來說，告訴我們哪種錯誤比較嚴重。

# 第二部

# 人猿大腦永流傳

我前面提到，人類大腦並未演化成會根據理性推斷，而是演化成會合理化事物。我們並沒有演化成會發現真理，除非那種真理對我們的演化利益有直接幫助。因此，科學並不是自然而然迎向我們的。更重要的是，我們的心靈被偏見和無效性以許多奇怪的方式扭曲。這就是本書本章節談論的內容。但是我會告訴你科學這個令人愉悅的領域允許我們盡可能接近真理，就像我們的人猿大腦一樣。

人類心靈會尋找世界中的模式。假如找不到，就會想像出來。所有科學家隨時都是這樣。因此，我們會「看到」的模式，或有時候還會看到的物體，並都不是真的出現在眼前。人類心靈可能會對沒有預期會遇到的事物視而不見。即使一個模式展現給我們看，或者一個物體就在我們眼前，我們也可能無法看到。因此，科學家必須採取特別的方法幫助他們避免這些大腦的失誤。

世界的真實情況和我們感受這世界的方式之間有所差距，這就是所謂的偏見。偏見有許多類型。大衛．恰瓦拉里亞斯（David Chavalarias）和約翰．奧尼迪斯（John P. A. Ioannidis）聲稱生物醫學研究中，共有兩百三十五種偏見。[1]本書中，我們會提到少數幾個。這包括相信我們感官的偏見、直線偏見、分類偏見，假定相關等於因果，以及媒介偏見。我們常使用「偏見」一詞描述過於粗心或過於無情的人，他們不會考慮自己以外的人提出的觀點。但偏見並不一定會是刻意甚至有意識的。每個人都會有偏見。從測量本身這個動作開始，偏見就已經存在。但這絕對不會只到此為此。

此外，我們可能認為我們已經基於一組觀察得出結論，結果卻發現我們的觀察無效。如果一組測量結果顯示我們認為它會告訴我們的事，那它就是有效的。

本章節描述了偏見和無效性造成我們大錯特錯的例子。我們甚至沒有警覺到自己犯錯，除非我們接受科學的訓練。

# 第五章　錯覺的世界

身為共感覺者想必一路走來，步步艱辛。共感覺（synesthesia）代表感覺（aesthetics）同時出現（syn-）。共感覺者會以好幾種方式感受到感官輸入，而不只是一種而已。舉例而言，他們可能欣賞音樂和弦，然後看到呼應音樂的各種顏色。我認識三個有共感覺的人，三個都是音樂家。其中一個曾在一場音樂會後說音樂「嘗起來很美味」，讓他沒有共感覺的朋友嚇一跳。他很訝異他們品嘗不到音樂的滋味，他以為這是一種體驗世界的尋常方式。另外兩個共感覺者聽到音樂時會看到各種顏色。對其中一個來說，銅管樂器讓世界變成紅色；對另一個而言，美好的音樂讓世界變成紫色。我都快嫉妒起他們了。有些人必須歷經諸多風險才能達到共感覺者大腦每天自然出現的狀態。

乍看之下，共感覺者生活在一個充滿錯覺的世界，和我們其他人不一樣。但結果是，其實所有人類都生活在一個充滿錯覺的世界。

我們唯一了解這世界的方式，就是透過感官。我們的大腦是大量神經元一束一束互相連結在一起組成，這些神經元會處理感覺神經元傳給它們的訊息。大腦本身漂浮在液體中，受頭骨保護在裡面，毫不間斷地補充食物和氧氣，甚至沒有自己的痛覺感受器，病人可以在鏡子裡看到自己的大腦手術。大腦接收到的所有感官訊息無論來源是哪裡，都沒什麼不同——都是神經衝動。來自眼睛或舌頭的神經衝動並沒有化學上的差異，因此大腦才會將各種衝動分門別類，將來自眼睛的神經衝動解釋為視力，來自舌頭的則是味道。大多數人的大腦會將這些衝動區分清楚，但共感覺者就不會。但我們所有人的大腦都會**製造現實的錯覺模式**。讓我舉一些例子。

準備好了嗎？你一定不會相信的。根本沒有顏色這種東西。

光的光子具有不同波長，有些光具有短而有能量的波長，大約是原子寬度的四千倍；有些光則有長但能量較少的波長，大約是原子寬度的七千倍。還有介於中間的各種光。波長較短時，「光」的能量非常強大，例如X光；長波長的光能量較少，例如我們覺得是熱力的紅外線輻射。光可見的光子會刺激眼睛視網膜中的三種錐狀細胞。短波長的光會刺激一種錐狀細胞，細胞接著會經過視神經傳送訊息到大腦；長波長的光刺激了另一種錐狀細胞。大腦會將來自第一種錐狀細胞的衝動解釋為藍色，來自第二種的解釋為紅色。還有介於中間的各種顏色。光本身並沒有顏色，只有波長。顏色是大腦製造出的錯覺。這也就是為什麼自然光中找到的**連續**波長範圍在我們看來會像彩虹，具有**各自獨立**的色帶。

**錯覺**並不等於**幻想**。大腦會使用從全身各處感官結構傳來的神經衝動，為我們建立一個現實模型，這就是錯覺。但假如是幻想的話（舉例來說，錯覺中並未出現懸崖邊緣，但事實上邊緣就在那裡），大腦結構如此的動物可能就會墜入深淵，無法把基因傳給下一代。自然淘汰確保了大多數動物不會產生幻想。

自然淘汰強化了我們對大腦錯覺的現實模型會產生的情緒反應。鮮豔的顏色和甜味在大腦中都和愉悅產生連結。這刺激了我們靈長類的祖先出外尋找成熟的水果，這在過去和現在都是良好的營養來源。另一方面，貓就無法嘗到甜味。牠們沒有甜味感受器。牠們的鮮味感受器（舌頭的感受器，會對肉裡面的化學物質產生反應）反而比我們更多，牠們的大腦會把肉與愉悅連結在一起。熱愛花蜜的蜂鳥中，代代相傳的鮮味感受器就演化成了甜味感受器。[1]自然淘汰塑造了每種動物物種的心靈，各自都會以對其生存及繁衍最有用的方式體驗世界。

但我們的心靈都以同樣的方式體驗事物嗎？你看到了綠色，但你看到的東西和我一樣嗎？我會說除了某些例外情況外，答案是肯定的，因為所有的人類在基因方面都非常類似（我們有共同的非洲祖先，約十萬年前居住在地球上），而我們大腦的天性也很相近。其中一個例外是有些人（大多數是男性）是紅綠色盲。也就是說，他們眼睛其中一類的錐狀細胞有缺陷。

我們對世界的錯覺感受不只可以用我們看到的事物說明，沒有看到的事物也可以。很多人看到植物時會視而不見，甚至直接看到也是如此。這種現象稱為「植物盲」。[2]

這也是為什麼我們的想像力可能幾乎和我們直接感受到的世界一樣真實。或許沒有其他物種有像我們一樣生動的想像力。老鷹視力更好，狗嗅覺更敏銳，但人類透過藝術、宗教及科學，有能力創造心靈的現實模型，這是動物完全難以企及的。我把我們大腦的演化某種程度歸功於想像力因時因地制宜的優勢，這是不是揣測過多？亨利．大衛．梭羅（Henry David Thoreau）在他一八六二年的文章〈秋色〉（Autumnal Tints）中提到：「直到我們對一個東西的概念著迷，對它念念不忘之前，我們什麼也看不到，而一旦著了迷，我們眼裡也就容不下其他事物了。」

感官經驗提高的人可能在人類演化過程扮演了重要角色。早期人類社會中，能更生動體驗世界的人，還有能傳達那份生動給其他人的人，可能地位較具社會優勢。他們會思考，並說服其他人他們可以看到靈魂，而且可以與神對話。

不只不同的人彼此間看到的東西不一樣，不同文化之間也會如此。實驗對象觀看照片時，美國的受試者會看照片中央的物體，例如老虎；而亞洲的受試者不但會看中央的物體，還會看周遭景象。這是準確測量眼球運動後確認的。[3]

人類大腦無法只單純感受事物實際的樣貌。這不是缺陷，而是福氣。我不只是一個剛好對這世界有豐富藝術體驗的科學家。科學實際上充實了我的經驗，我在本書結尾就會寫到這一點。然而，這的確代表人類感官無法被信任成為在科學上有效的測量工具，我在下一章會進一步解釋。

## 自己動手做

提出一個你自己的例子，說明你的感官可能會感受到某種東西，但表現出來卻是有偏見的。請使用本章還未描述到的其中一種感官。

# 第六章　直接測量!?

我們的心靈無法客觀地檢視現實，這甚至從測量本身的行為就已開始。我們可能會想，驗證假設只要找到你需要測量的事物，然後加以測量就好，還有什麼比這更簡單？但這一點也不簡單。

## 人類作為測量的工具

人類的感知範圍非常有限。我們只對感官刺激產生反應，這對我們祖先來說是演化上的優勢。無線電波現在正通過你的身體，但你感受不到，對你來說這並不是刺激。我們已經發展出各種科技，大幅延伸我們的感知範圍。我們發明了可以將無線電波轉換成電力的天線，擴音器可以因此發出聲音。另一個科技延伸感知的例子就是顯微鏡。透過玻璃鏡片聚焦光的顯微鏡，我們可以看到非常微小的物體。然而，光學顯微鏡無法聚焦小於可見光波長的影像，可見光波長約零點五微米。一微米等於千分之一毫米，所以這數字非常小，但許多自然世界中的細節甚至更微小。電子顯微鏡聚焦電子束的效果準確許多，事實上，現在的科學期刊會定期刊登原子的影像！由於原子持續移動，因此影像的樣子都是低溫冷凍的結晶。[1]

但在這些限制下，我們認定感官提供了關於這個世界的客觀資訊。我們看到了真實存在的事物。我們聽到空氣中的震動，鼻子則可以偵測到空氣中的分子。通常這種認定都是正確的，但不一定每次都是這樣。

其中一個理由就是**感覺疲勞**。我們動物祖先如此演化出我們的大腦，其中一個原因是偵測危險並據此反應。因此，我們的大腦就像其他動物，對環境資訊的**變化**異常敏銳，但對環境資訊本身則不然。我們或許能**看到**一成不變的風景，但會**注意**到變化的事物。過了一段時間，我們的心靈就會開始忽略部分接收到的感覺訊息。你穿上衣服時可以感覺到你的衣服，但穿上一段時間，你就會忘了衣服的存在。你一開始坐在一張椅子上的時候會感覺到椅子，但過了一段時間就不會意識到了。你第一次聞到一種新味道你會注意到，但一會兒你就聞不到了。你的大腦會這樣的理由是一成不變的環境不太可能帶來危險。聞起來或吃起來有點腐壞的食物可能有毒，而且你必須馬上知道，但一旦你決定不吃這種食物，這項資訊就沒有用了。大腦為了保護自己不會感覺超載，會選擇性忽略舊的訊息。這在測量上可能很重要。你的鼻子是很精密的工具，可以偵測並辨識氣味，但你沒有聞到某樣東西可能代表氣味已經不在，或者是你的大腦已經開始忽視。機械的氣味偵測器可以客觀顯示一項化學物質存不存在，但你的鼻子無法這樣。鼻子會累，也就是感覺疲勞。

另一個理由是**感覺敏銳度**。就所有感官來說，身體每個部分的敏銳度都不同。舉例而言，你全身的皮膚具有可以偵測壓力的神經末梢。這些末梢和可以偵測疼痛、熱度、寒冷的神經末梢不一樣。親愛的朋友，你在生物上已經定型了。這些神經末梢讓你有觸覺，但你的指尖壓力靈敏的神經末梢比後頸等區域密度更高。你可以區別皮膚的兩個接觸點，即使沒有看著，要找到並記得手指上接觸點的位置，都比找到後頸的接觸點容易許多。理由應該很明顯。我們用手指獲得這世界和觸覺相關的詳細資訊，但在後頸，我們只需要知道有沒有蜈蚣爬在上面。假如我們隨時都能完整感受到所有事物，結果就會造成感覺超載。機械的壓力偵測器測量壓力得出的結果客觀且不會變動，你的皮膚就不是這樣了。只是測量壓力嗎？沒有皮膚上的壓力感受器，你就**做不到**。那就是為什麼科學家會使用機械壓力感受器。

另外一個例子和視覺有關。照相機可以客觀測量光強度。攝影師打開光圈（光進入的孔，可調整大小）就可以讓更多光進入照相機，縮小光圈進來的光就比較少。真實世界中，外面的陽光明亮度動輒就是室內光的一百倍。假如你維持曝光時間和光圈一致，你在室內的照片很可能看起來幾乎是黑色的，而你在室外的照片可能幾乎是白色的。你必須調整光圈來彌補這一點。使用照相機時，你可能必須刻意這樣做，但你的視覺卻是在你不知不覺中調整。其中部分原因是因為你眼睛的虹膜就像照相機光圈一樣開合，另一部分原因是因為你的大腦會調整你對光強度的敏銳度。你的視覺可能很優異，但這並不是測量光強度的客觀方式。當然，室內**看起**

**來**並沒有外面日照風景那樣暗一百倍。現代的數位相機會自動進行這些調整。只是測量光強度？你用眼睛**辨不到**。那就是為什麼科學家會利用「量子感測器」這類的設備，這會將光能直接轉換成電壓以測量光強度。

這甚至會變得更複雜。假如你拍了一張戶外景色的照片，結合了光和影，那無論你曝光時間還有使用的光圈怎麼組合，結果不是光照的部分會過度曝光，就是陰影的部分會全黑。攝影師一般會利用電子閃光燈對陰影補光，避開這個問題——沒錯，晴天的時候在戶外特別會這樣做，但你的視覺會自動進行這些調整。你眼睛後面每一組視網膜細胞都會連接到一個視神經元。在視網膜特別敏銳的地方，每個細胞會連結到一個視神經元。來自這些神經元的衝動抵達大腦視覺處理中心時，大腦就會調整每次衝動的強度。大腦讓你的視覺對陰影補光，調暗陽光，彷彿你的每個視覺神經元都有自己的光圈控制一樣。有些更先進的數位相機也可以做到這一點，讓相機不像眼睛，反而像大腦。

這樣子演化的理由應該很清楚。我們的動物祖先必須能夠在陰影中看到潛在的危險，例如掠食性動物，而且必須迅速做到。視覺因光強度變化迅速調整，而且對來自陰影的光比來自日照風景的光更敏銳，就是生與死之間的差別，這種情況已經維持六億年了。但這種讓我們的祖先生存下來的同樣一種能力，也讓眼睛無法客觀測量光強度。

這也解釋了為何我們的大腦會比較注意到突然或不尋常的動作，而不是慢慢形成或平常的動作。你可能有和我一樣的經驗：你從眼角看到一片葉子或一隻鳥的動作，你會突然有短暫的心理準備，好像要面對掠食性動物一樣。事實上，你的大腦甚至早在你意識到看到動作之前，就已經開始反應。雖然大腦還是可能回應錯誤肯定（假設掠食性動物存在，但其實不存在），但我們的祖先憑藉薄弱的資料，就能偵測到掠食性動物，而我們是他們的後代。你也知道，錯誤否定（假設掠食性動物不存在，但其實存在）就代表我們基因系譜的終結。

## 你在測量什麼？

前面所有的例子都告訴我們感官偏見如何影響我們感受世界。但假定你實際上真的有不帶偏見測量某樣事物的方式好了，例如用尺測量長度，從那一點開始，你可能會認為你需要做的只是測量而已。假定你的假設是男性比女性高，這樣只要測量一名男性和一名女性的身高就能得出你的結論，對嗎？你知道並不是這樣。科學的方法會解釋原因。

首先，想一下這個假設並不是說**所有**男性都比**所有**女性高，只是說男性**平均而言**比較高。第二，想一下你並不能測量所有男性和女性的身高，只能各測量一定的**樣本數**。**平均值**就是特定族群成員的平均數。在這個例子中，包括一切的族群就是男性和女性的總人口數，而從他們之中可以選取出樣本數。你無法知道**母體平均值**，即曾活在這世界所有男性或所有女性的平均身高。你只能測量**樣本平均值**。

這是**效度**的問題。一項測量結果告訴你你真正想知道的事，那才**有效**。在這個例子中，有效的樣本平均值必須能代表你要從中獲得結論的族群。單一一個男性及女性並不是有效的母體樣本。為了有效，你的樣本必須要更大。你的樣本必須反映實際母體中的多樣性。如果你的母體包含了不同種族，也應該納入你的樣本。如果你的母體包含了不同年齡的人，你應該只比較同齡的男性和女性。

一旦取得男性及女性樣本，你就可以拿出量尺，或讓志願者靠著上面標有身高尺寸的牆站（科學家會使用公制測量單位，例如公尺和公分，而不是使用英制單位，例如英呎和英吋）。如此一來，你就能確定樣本中每個男性和女性的身高。聽起來夠簡單吧？

你可能也猜到即使這樣也不是聽起來那麼簡單。你要測量得多精確呢？精確到公分嗎？精確到毫米嗎？這要看情況。測量身高精確到毫米並不太實際。舉例而言，每個人的髮量可能都不同。身高要不要包含頭髮呢？鞋子呢？假如有人稍微駝背呢？但只要你的測量精確到公分而不是到毫米，那可能就無關緊要。假如你預期男性和女性的身高差異大約在幾公分，那你的精確程度只需要到公分，要更精確只是在浪費時間。我的一些學生寫下了計算機上小數點後的所有數字，然後很驚訝他們的科學老師要他們四捨五入到整數就好。但你不會想要使用假精確（false sense of precision）的數字。

順道一提，精確（precision）和準確（accuracy）並不相等。精確指的是你測量東西的精細程度：精確到公尺？到毫米？到奈米？準確指的是在你規定的精確程度內，測量出的數字正確。無論在科學或在日常生活，我們都要很留意這些概念。這世界上有七十六億人口，在本書撰寫的時候是準確的，反映出正確的精確程度：世界人口數目精確到億。但如果你說世界上有七十六億人，那你就是在說世界人口並不是七十六億零一人，但這其實不是你的本意。精確和準確是科學記號存在的理由。如果我們說世界上有 $7.6\times10^9$ 人，很明顯只有7和6這兩個數字是準確的。

事實上，這裡還有一個可能的問題。要測量人的身高似乎不難，但樹的高度呢？你不能爬上搖搖晃晃的樹頂，然後放下量尺。那你該怎麼辦？你可以利用三角學或三角測量法。假如你知道你離樹有多遠，還有樹頂和你視線的角度，你就可以計算出高度（公式是距離乘以角的正切值）。你必須加進你眼睛離地的距離，通常是一點五公尺。這個方法沒有好到讓你擔心精確度會超過公尺。

你可能會想你從來不需要對人使用三角測量法。但在十九世紀，達爾文的表弟法蘭西斯·高爾頓（Francis Galton）研究了非洲霍屯督（Hottentot）女性的身型[2]（我們今天稱他們為桑恩人〔San〕）。蓋爾頓對她們特別肥大——即儲存脂肪的臀部印象深刻。他希望知道她們的臀部多寬，但他覺得用量尺量女性的身體會不自在。因此，他從安全距離測量她們，然後用三角學計算每個人身體的寬度！

非常厲害。現在假設你要測量五名男性和五名女性的身高，並獲得以下結果：

**例一**

| | 男性 | 女性 |
|---|---|---|
| | 171 公分 | 168 公分 |
| | 175 公分 | 166 公分 |
| | 169 公分 | 167 公分 |
| | 181 公分 | 165 公分 |
| | 177 公分 | 207 公分 |
| 平均值 | 175 公分 | 175 公分 |

你樣本中的男性和女性平均身高一樣。但你會得出結論說男性和女性一般而言具有平均身高一樣，因此否定了你的假設並確證虛無假設嗎？

不會。樣本中女性一位兩百零七公分高的女性膨脹了平均身高的數字。除了她之外，其他的女性都比男性矮。兩百零七公分的數字稱為「離群值」，不被認為是樣本的有效部分，也就是說，這讓你整組的測量結果無法告訴你你想知道的結果。該怎麼處理離群值呢？統計上有方法可以將它們排除在你的樣本中。或者你可以取得更大的樣本數，這樣離群值就不是那麼重要的數據點（data point）了。你「無法」做的是偷偷把任何不喜歡的數字扔掉而沒有說你這樣做。

現在另外假設以下是你獲得的數字：

**例二**

| | 男性 | 女性 |
|---|---|---|
| | 171 公分 | 170 公分 |
| | 175 公分 | 176 公分 |
| | 169 公分 | 168 公分 |
| | 181 公分 | 182 公分 |
| | 177 公分 | 174 公分 |
| 平均值 | 175 公分 | 174 公分 |

在你的樣本中，男性平均比女性高一公分。你會得出結論說男性一般而言比女性高一公分，因此確證你的假設嗎？

不會。你可以輕易就看到**每個樣本中**測量結果的**變異性**（〔variability〕，男性是一百六十九公分到一百八十一公分，女性是一百六十八公分到一百八十二公分）大大超過**樣本之間**的一公分差異。你會強烈懷疑兩個樣本間平均身高的差異是因為機率。

科學家有辦法計算每個樣本的變異性。在沒有變異性的樣本中，所有的數字就和平均值一樣。在變異性大的樣本中，許多數字都和平均值相去甚遠。你可以計算出任何一組數字的平均值。但如果數字變異性大，我們可以說平均值或許就沒有意義。

那你該怎麼辦？你可能多少會有直覺，認為一公分的差距沒有意義。你的潛意識心靈可能甚至會不知不覺中計算，導致「直覺」突然出現在你的意識中。但為了避免偏見（關於偏見我還有更多章節的內容想告訴你），科學家會利用**統計分析**。統計分析可以告訴你兩個樣本平均值是否差異夠大，儘管存在不可避免的變異性，仍具鑑別力。

當科學家說兩個樣本平均值具**顯著**差異時，你可以猜到這代表兩者相同的機率不會高於百分之五。「顯著差異」不代表「差異足以對我產生重要性」，而是代表具有精確的數學意義。

本書就是討論你如何可以像科學家那樣思考。本章已經告訴你，你可以達成這種境界的其中一個方式就是：將你的信念建立在有效樣本足夠的測量結果，並且盡可能精確，但又不至於矯枉過正，造成假精確。但若要決定你測量結果的顯著性，這本書恐怕無法幫助你。即使要了解最簡單的統計，可能也需要用上一整本書，我的建議是閱讀《看漫畫，學統計》（*Cartoon Guide to Statistics*）。[3] 數學真的很複雜，要測量樣本中的變異性不只一種方法，包括測量變異數、標準差、標準誤差、變異係數、吉尼係數（Gini coefficient）等。你應該使用哪一種，又要如何計算呢？要回答這個問題需要一整章的篇幅。當然，電腦程式可以快速比較樣本平均值。輸入數字，電腦就會告訴你「p = 0.025」，這小於零點零五，代表你的結果是顯著的。但這些電腦程式要花錢買，而且並不便宜。在沒有這種程式的情況下，你最好的選擇就是盡可能取得最好的樣本後，計算平均值，並查看變化程度，用聰明的直覺決定平均值的差異是否顯著。

測量或計算某樣東西的方法幾乎永遠不會只有一種。我在我科學生涯初期就學到這一點。當時我還是個大一新生，在加州大學聖塔芭芭拉分校修了肯・米勒特（Ken Millet）教授第一學期的微積分課。他解釋說我們可以用積分學決定曲線下方的區域。但之後他說也可以在紙上畫曲線，剪下來，然後測量重量。假如你知道紙的密度，就可以計算曲線下方的區域。並沒有規則說你一定要用微積分，你也不必使用最先進的設備。我寫博士論文過程中，得出生平最好的一些測量結果，所謂最好並不是最精確，而是最有用。這些結果用了一條繩子、一根釘子和九塊木頭就得出來[4]（我測量了幾個野生動物棲息地的葉子面積）。

假如事情很單純，一次測量就能告訴我們問題的答案或驗證假設，那就太好了。但這世界太複雜，只能事與願違。

# 第七章　自然丟給我們曲線，但我們看到直線

我要討論的下一個偏見，是我們往往會以線性的方式看待一切事物，但事實上，大部分的自然過程都是非線性的。線性指的是線，一條直線。非線性通常指的是曲線。理解過程或關係時兩者區別格外重要，形狀還在其次。

線性的偏見對我們祖先在演化過程中的生存及繁衍幾乎沒有造成影響。假如從某一地到另一地要花一天，兩倍的距離就要花兩天。速度是線性的過程，這沒有問題。

但想像一個正要掉落地面的物體。物體掉落時，受到重力影響，一開始掉落得慢，然後速度越來越快，也就是持續加速。物體掉落時，第一秒會慢慢移動。但如果掉落的距離很長，最後一秒可能移動得非常快速。在我們演化歷史大半時間中，這並沒有造成什麼影響。假如掠食性動物或一個要逃離掠食性動物的人從樹上或懸崖跳下來，潛意識從線性角度計算掉落速度，得出的誤差可能非常小。誤差大的唯一時間是那個人掉落的距離很長，大概三四十公尺以上。那個人腦袋裡最後出現的想法一定不是：**呸！我對終端速度的線性估計都錯了！**要了解箭、彈射器投擲的石頭、飛機或火箭的軌跡，線性誤差就變得很重要，但那些技術創新在我們的演化

歷史中都算近期。

## 成長曲線

另一個線性投射失敗的例子和成長有關。幾十年來，非線性成長曲線最受喜愛的例子就是青蛙和睡蓮的故事。想像一下一隻青蛙坐在池塘的睡蓮葉上。睡蓮葉每天倍數成長，到月底（第三十天）就會完全佔滿池塘。問題：在哪一天睡蓮葉會佔滿一**半的**池塘？

直覺的線性答案是第十五天。第十五天佔了一半，所以第三十天佔滿，對嗎？但因為總數加倍的時間並非線性過程，所以正確答案是第二十九天。睡蓮在第二十九天會佔據一半池塘，然後睡蓮總數加倍，在第三十天完全佔滿池塘。環保人士，例如雷斯特・布朗（Lester Brown）在著作《第二十九日》（*The Twenty-Ninth Day*）[1]中就表示喜愛這個故事，因為它對各族群成長非線性的見解令人不寒而慄，特別是人口方面。[2]族群成長可能會讓我們措手不及。一隻得意洋洋（而且線性思考）的青蛙在第二十九天可能會看著四周呱呱叫著：「有些青蛙說這池塘已經半滿，但我說這裡還有一半空著！」渾然不覺青蛙末日只剩一日之遙。

我們的大腦計算族群成長時辜負我們期待了嗎？我們智慧演化的大部分時間，答案都是否定的。這是因為大部分人口都有能力經歷非線性成長，但不見得有這樣的機會。小小的人口爆炸可能才開始，但中途便戛然而止，或者因瘟疫、征戰或饑荒等災難而扭轉趨勢。只有在最近幾百年，疾病和饑荒受到充分壓制，人口才得以以非線性成長。因此，世界人口從我出生到現在成長超過一倍，但在羅馬人的時代，世界人口花了好幾百年才成長一倍。

人口非線性成長有助於解釋蟲災何以在古代發生（以及為什麼會在現在發生）。但古代沒有人知道究竟是什麼導致蟲災，他們的知識都恰恰與此相反，上帝奇蹟似地製造了蟲災，就像摩西在聖經的出埃及記所說那樣。古代人很少有機會估計昆蟲族群的規模以藉此預估災害，因為昆蟲常群集在一起。昆蟲族群在別處非線性成長，牠們可能即將闖進來，把你所有的作物都吃掉。

我們處理非線性成長的問題之一，就是這可能會讓我們得出超越直覺熟悉範圍的數字。我們習慣思考上百，或許到上千的數字。但一旦數字接近百萬，我們的大腦就開始僵住了。想像一下一千這個數字，再想像一下將一千乘以一千，那就是一百萬了。一百萬以後就越來越複雜了。想像一下一百萬，再想像一下一千個一百萬，那就是十億了。然後越來越複雜。多少個百萬會變成兆呢？我問一班生物資優班的學生這個問題，結果沒有人知道。其中一個學生冒險地猜了個答案。「三嗎？」他問。正確答案是一百萬。一兆就是一百萬乘以一百萬。甚至連資優的大學生都不知道一兆是多少，我們怎麼能期待我們未來的領導者在這個非線性成長的世界引領我們呢？美國的國債是二十一兆。[3]這裡欠一兆，那裡欠一兆，累積起來就是很可觀的一筆錢。大家的眼神都呆滯了。

在微觀的層次上，族群成長也是非線性的。牛奶中的細菌數目會隨時間倍數成長。假如細菌族群呈線性成長，放一週後會有點酸的牛奶在兩週後酸的程度會加倍。但因為細菌數倍數成長，牛奶只要開始有一點點變酸，幾個小時後就會完全腐壞。麵包一發酵，酵母菌數就會非線性成長。古代人不知道這一點，但這不會有太大影響。他們只學到如何製作起司、麵包、優格、克菲爾牛奶酒和馬奶酒，卻沒有分析最基本的微生物數，不過反正他們當時根本不知道有微生物。

## 非線性的規模經濟

線性的偏見可能造成我們忽略非線性的規模經濟。要經營有兩千名員工的公司，你的做法不能和只有二十名員工的公司一樣，然後乘以一百倍。你不能以線性的方式「按比例增加」。你必須採取不同的策略。小公司的員工可能每個人什麼事都做一點，但大公司有專門的員工，他們負責特定工作，且比一般員工得心應手。這些就是規模經濟正面效益的例子。

但規模經濟也有負面影響。在穴居人的年代，全世界人口只有一百萬人，可以把廢棄物和垃圾隨便亂倒，不會有什麼問題。直到人類開始居住在城牆圍起來的城市前，情況的確是這樣。但在城市內，居民會被困在裡面，和其他人的垃圾、汙水還有他們當時不知道的細菌共處。今天，世界上人口超過七十億，我們不能再把廢棄物沖到河裡，或是把垃圾丟掉，堆在一起。我們人口太多了，自然微生物可將汙水分解成無害分子，但污水很容易就超過微生物能承受的範圍。當然在水往下流到另一個人口密集區前，也會超過自然可以承受的範圍。不要把紙丟地上！你在亂扔垃圾！丟進垃圾桶！更好的方法是回收，因為太多人使用紙，所以必須回收，而不是砍下所剩不多的樹木。沒錯，這很煩人，但這是我們非線性人口成長不可避免的結果。

## 界線值

自然和人類世界普遍存在的相關非線性概念之一，就是**界線值**（threshold value）。這個詞源自房子的門檻（一開始是區隔打穀場的木樑）：發生在房子外面的事無關緊要，但一旦你進到我的房子故技重施，你就小心一點。界限值就是當某件事低於此數值就無關緊要，必須超越這個值才會使什麼發生。以下有四個例子：如何生火、時鐘為什麼會滴答響、貓洞與母牛。

**如何生火**。界限值出現在分子層級。化學反應出現前需要**活化能**（activation energy），即使是在自發反應（釋放能量的反應，因此會自己發生）中，也需要在反應開始前有一點能量。其中一個例子就是燃燒。木頭會和氧氣反應製造出熱能、水和二氧化碳。但如果木頭只是暴露於空氣中，就什麼都不會發生。要生火就需要火花。一旦火點燃了，就會持續燃燒，直到木頭消耗殆盡為止，而火花就是活化能。

**時鐘為什麼會滴答響**。另一個界限值的例子就是電池供電時鐘或手錶的秒針。電力提供能量以移動秒針。但電壓超過界限值秒針才會移動。這就是為什麼秒針會滴答響，而不只是緩慢移動。電池快沒電時，電壓就較小，這可能造成秒針不再滴答響，整個時鐘也逐漸慢下來。不久之後，這樣的時鐘就會變得十分不準確。但因為需要臨界電壓來移動秒針，所以每次接收到足夠電壓時，就會移動正確的數量。電壓一旦不足，秒針就會停止。秒針可能會微微擺動，但不再滴答響。時鐘就這樣給予準確資訊，直到電壓低於界限值為止。

**貓洞**。一個如森林般的系統能忍受的廢棄物也有界限值。約翰・繆爾（John Muir）沿著內華達山脈健走時，他可以在任何想要的地方大便，這沒有關係，因為他的糞便低於森林能處理的界限值。但今天內華達山脈健走的遊客眾多。他們必須挖貓洞（事實上這是國家公園管理局的官方條款）掩埋排泄物。在某些例子中，甚至發生健行者的糞便太多連貓洞都無法容納，因此國家公園管理局必須安裝移動式廁所，抱著一絲希望，期待國會將來給他們足夠的經費偶爾清理一下廁所。

**母牛**。另一個界限值的例子是牧場上的母牛。對所有牧場來說，母牛總數有一的數量限制，可以放牧而不造成任何傷害。但一旦超過門檻，結果就是過度放牧。（還會有什麼其他結果呢？）牛隻吃優良牧草的速度會超過牧草長回去的速度。厚層的草根層之前和有害的雜草保持距離，雜草包括大戟草、乳草和水牛蕁麻等。但這些雜草現在會在受到母牛破壞的草堆中長出來。然後非線性的過程就真的啟動了。母牛並非以聰明著稱，但牠們也沒有笨到吃大戟草、乳草和水牛蕁麻。母牛會持續消耗牧草，而雜草會越長越多。雜草會開始排擠牧草。情況會越來越糟。牧場會以放線性的螺旋方式失去控制。過度放牧造成裸地的地方，土壤就會腐蝕。土壤已經腐蝕的地方無法長出好的牧草，反而會雜草叢生。雜草的根很淺，而且壽命很短，一旦死亡，腐蝕的情況就會變本加厲。

再重申一次，這在以前沒有什麼大不了，當時牛仔可以在好幾百平方英里的大草原放牧牛隻，或者之前野牛和美國原住民會在同一個大草原遊蕩。但現代的牧場主人必須仔細計算牛隻的放牧率，以預防牧場退化。有些牧場主人的確做到了，但很多沒做到。一旦達到牛隻密度的界限，非線性的過程就會造成牧場快速退化。

## 發現曲線

以下是一個非線性過程的例子，你可以自己試看看。科學家很開心稱它為**發現曲線**（discovery curve）。[4] 如果你在外面散步，並計算你看到的不同種類植物數目，你會預期線性的發現過程：你走十分鐘時發現特定數目的植物物種，在走二十分鐘時數目會變成兩倍，但其實並不是那樣。你環顧所站之處四周時，在任何時間間隔中你會看到最多的植物種類數目，一開始是正確的。繼續往前走，你會看到新種類的植物，但隨著時間過去，種類就越來越少。

在寫這段之前，我決定試試看。我沿著奧克拉荷馬土爾沙（Tulsa）的健行步道走。步道穿過沿著河岸較受干擾的區域，然後到一個排水溝。（你會很驚訝有多少植物和動物物種生長在排水溝。）我計算了在一開始的地方看到的植物科數目。（科就是一群相近的植物物種。對我來說物種太多，無法個別記下）然後我走了五十分鐘。每隔十分鐘，我就會記錄看到多少之前沒看到的**新**開花植物科。我計算的總數是四十四。

我在時間間隔內看到的新植物科開始變得越來越少。我走路的前十分鐘隨便走就看到十二科，然後看到十科。但在最後十分鐘，我只看到兩科新的植物科。

如果你想自己試看看，知道這些植物是什麼會有所幫助。即使你不知道，你很可能還是有辦法進行，只是要看如何辨認你之前沒看到過哪種植物。賞鳥愛好者有相同的經驗。他們在所站之處就可以看到大多數種類的鳥，但要是他們繼續前行，看到的新種類的鳥就越來越少。（坐上車開到新的地方延續你的發現曲線並不公平。曲線只有固定在任一地點才有效。當然，賞鳥愛好者不會把關在籠子裡的長尾鸚鵡納入賞鳥的生命清單，你應該和我一樣，排除任何刻意栽種的植物。）假如你喜歡車子，你不用植物或鳥類，利用它們就可以得出發現曲線。

觀察者偏見可能會稍微扭曲發現曲線，我會在之後章節繼續討論。我一開始走路只是四處張望。到了最後，我到處攀爬，看任何我能看到的地方。也就是說，我的**觀察密度**（observer intensity）並不一致，我越往前走密度越增加。但儘管觀察密度如此變化，我的發現清單還是形成曲線，而非直線。

## 非線性的演化爆炸

如果你去看任何科學書籍的演化時間軸，最吸引你注意力的事物就是生物多樣性增加的狀況並不是線性的。單細胞生物約三十五億年前演化，但接下來三十億年，看起來卻好像什麼事也沒發生過一樣。假如你那時候到過地球，可能會看到海裡有一片片的浮渣，幾乎沒有其他東西。這維持了三十億年！但大約五億年前，多細胞生物數量及多樣性突然爆發。[5] 而且爆發速度隨時間增加，除了兩億五千萬年前和六千五百萬年前兩次大滅絕的事件打擊地球時之外。你看**不**到的是物種數目和複雜度逐漸線性增加。

這是因為多細胞生物一旦開始演化，就會形成互動的網絡。這些生物會造成彼此進一步多樣化。最早的掠食性動物一演化，牠們的獵物就會以很多方式跟著演化，保護自己，而這又會造成掠食性動物演化出新的方式吃這些獵物。最早的花一演化，昆蟲就會演化出許多方式授粉，而這又會讓花演化成新的類型，吸引不同的授粉者。[6] 物種的互動製造出反饋，啟動了演化的爆發，持續到今日，而且將來速度會更快，除非人類或自然災害造成另一次大滅絕事件。非線性的過程會影響所有星球。

## 罕見事件的影響

有時罕見的事會完全改變事件經過，造成與原先事件的線性預測結果完全不同。我確定你可以從人類歷史和時事想到很多例子。讓我從演化史提出一個例子。

猴子在非洲演化。許多猴子（舊世界的猴子）的物種還在那裡，但有些舊世界猴子的血脈演化成猿類。新世界（北美洲和南美洲）並沒有猿類，但有新世界的猴子。這似乎可以合理推論，在大西洋形成之前，非洲與南美洲還連成一塊大陸，猴子一度在現在的非洲和南美洲間自由穿梭。在那時這兩個族群才走上不同的演化之路。但結果這個解釋也不是那麼簡單。遺傳研究顯示，新世界和舊世界猴子產生區別出現在大西洋形成**之後**。這代表非洲的猴子必須穿過大西洋抵達南美洲，然後演化成新世界的猴子。即使當時大西洋不像今天那麼寬，仍然是幾乎不可能發生的驚人之事。或許從非洲來的植物形成浮板，沖上南美洲的海岸，上面就載著一些猴子。雖然很罕見，但已有人觀察到這樣的情況。[7]

## 非線性的火星死亡

地球的姊妹星球——火星的死亡過程是非線性的。

你想過為什麼地球活著但火星死亡了嗎？或許沒有。一神論的宗教告訴我們，上帝在地球上而不是火星上創造了生命，就是這樣。但科學家並不滿意「就是這樣」的解釋。（除此之外，作為三個一神論宗教基礎的聖經並沒有說上帝未在火星上創造生命。）

當然，或許火星以前並不是死的。諸多證據顯示，火星以前有好幾個整片都是液態水的海洋。火星上可能也有像細菌一樣的有機體。[8] 在太陽系歷史的初期，地球和火星彼此差異並不大。然後有件事發生了，而且是非線性的事。

當然，火星比地球離太陽遠。事實上，火星到太陽的距離是地球到太陽的一點五倍。這代表日照強度（隨距離平方非線性變化）比地球弱二點二五倍。因此，火星比地球寒冷並不意外。但這可能並不是一直這樣。火星形成不久後，可能就有一層大多由二氧化碳組成的厚厚一層大氣層，造成驚人的溫室效應，或許這足以讓火星四十億年前夠溫暖。今日，火星的大氣層非常稀薄，但這樣薄薄一層仍大多由二氧化碳組成，讓火星不至於像沒有大氣層那樣寒冷。火星夏季時，赤道的溫度可以到達攝氏二十度。[9]

火星的半徑幾乎剛好是地球一半，而重力大約是地球的百分之三十八。我們可能會因此預期火星大氣層密度大約是地球的百分之三十八。但並不是這樣。火星大氣層密度還不到我們的百分之一。（如果你聽到火星上的風以每小時六百英里的速度吹，不要假設感覺起來會像地球上時速六百英里的風。）火星的大氣層流失到哪裡去了呢？

火星並沒有比地球小很多，但顯然小於界限值，無法維持地表之下熔岩的地函。地函冷卻足夠之後，便不再有任何岩漿流動。相較之下，地球地函的岩漿仍持續流動。流動時，就製造出一種磁場，將大多數來自太陽的有害輻射（這稱為「太陽風」）轉向。火星內部一冷卻（對其地表溫度影響極少，火星就像地球，由日照強度決定地表溫度），就會喪失磁場，太陽風的衝擊會帶走大部分的大氣層，包括幾乎全部的水。火星地表下仍有一些水，但火星地表目前仍是乾涸的。

這顯然是火星死亡的過程。火星比地球小百分之五十，而且只有地球百分之三十八的重力，但這相較之下並不大的差異已足以造成火星死亡，地球生存下來。

## 人類的非線性滅絕

**人類**會有滅絕的一天嗎？當然，至少在太陽擴大成紅色的巨人，吞噬了所有內行星時會，但這是好幾十億年後才會發生的事。（除非一些人類上了太空船，到了另一個星球，但這也是人類好幾個世代後的事）但這可能會提早發生嗎？或許就在幾百年後。

一開始，人類提早滅亡看起來似乎不可能。人類創意無窮，而且已經想出如何在地球每一個棲息地生活的方式。

快速瀏覽探究人類滅絕的網站會發現，這些網站幾乎都在討論原因，例如立刻造成人類全體死亡的核子浩劫或小行星。但我相信，這些網站都忽略了大多數人類會依賴全球社會的事實。人類幾個分散的部落或許在文明崩毀後會存活一陣子，但緊接而來的就是人類滅絕。主要的人類適應問題就是文化。或許沒有任何人類可以在少了其他人類的文化網絡情況下存活，文化網絡包括集體知識、互助等。[10] 我知道我沒辦法。你有辦法嗎？自稱「生存主義者」的人一旦彈藥用完就會死掉。萬一全世界的人口變得太少，人口數就會急速下降，因為活下來的部落文化知識不足，即使地球並不致命或欠缺食物，他們也無法謀生。

尼安德特人（Neanderthals）是一個人類的物種，存在於**現代人種**出現之前，他們就是因為這樣絕種的。約三萬年前，現代的人類將尼安德特人趕出最好的土地。最後一群尼安德特人在惡劣的環境中想辦法生存下來。他們死亡後，地球上仍有食物和其他資源，但他們人口規模太小，無法維繫本身的文化，包括製造工具和打獵的技術。

人類滅絕不會以線性的方式發生。人口在一個門檻之下，人類就無法維持生存的文化。這以前就發生過。但沒有人知道門檻是多少。

**自己動手做**

1. 做出你自己的發現曲線！
2. 想一個你周遭的某種過程，你本來一直假設它是線性的，但結果呈指數增長，或有界限值。

# 第八章 這不是非黑即白

月亮上，全部都是黑色和白色。晚上是晚上，白天是白天，沒有灰色地帶。但在地球上，因為大氣層分散了日光，所以會出現晨光與暮光的灰色陰影。地球具有多樣性，科學也在研究多樣性，上述只是幾乎無數種呈現方式中的第一種。

但人類心靈並不是一直輕易就接受多樣性。人類心靈有二元偏見，我們看待事物非黑即白，但科學必須抗拒這種偏見，就像抗拒其他許多偏見一樣。即使人類心靈並未以二元的方式看待世界，也會以分類的方式看待：即使現實往往包含連續體而非各自獨立的類別，我們仍喜歡將所有事物分類。二元思考是分類思考的兩類別子集合。想知道一些分類和連續思考的例子嗎？這就是本章涵蓋的內容。

或許人類偏向分類思考是因為我們是兩兩對稱的生物。我們有左右手、腳和很多其他東西，也有上和下、前和後。相較之下，水母就是放射對稱，它有前和後，但除此之外其他部分都從中心點放射而出對稱。假如水母可以思考，它可能會將世界看成充滿各種可能性，而不只是「這個」相對於「那個」。動物和人類祖先必須迅速決定是否該採取行動，例如是否要逃離老虎，是否要吃某種食物，這可能是我們演化出二元思考的原因。生死交關的決定往往是二元對立的，甚至對水母來說也是如此。

一方面，人類往往會將世界視為非黑即白，不是這個就是那個，非左即右，不是這裡就是那裡，非上即下，不是我們就是他們。另一方面（延續我二元對立的隱喻），我們也承認有許多多樣性無法納入分類思考的框架中。（世界上有兩種人：會將事物分類的人和不會將事物分類的人。）人類常常努力在分類思考和連續思考間取得平衡，但這是假設我們能將所有思考分類為分類或連續思考。

再者，二元對立也符合我們的公平感。記者就有強烈的偏見要「平衡雙方報導」，即使有兩方以上或其中一方顯然行事荒唐也是如此。

## 微世界中的多樣性

在科學家研究的物理、化學、生物和人類世界中，少有事物在分類上是絕對的。極少數二元對立的事物之一就是原子粒子的電荷。電子具有負電荷，而質子具有正電荷。但連電荷都是一種夸克的衍生特性，而夸克就構成了電子和質子粒子。其他事物無論是可分類或連續的，都以許多不同可能性的形式存在。

以原子為例，「原子」一詞代表**不可分割的事物**。原子會分裂，但一旦發生分裂，原子就會喪失其特性，所以「它們」不可能分裂但仍維持原樣。我們可能會認為所有的碳原子都很類似，全都屬於一種類別。但並不是這樣。它們的原子核都有六個質子。大多數也會有六個中子（使它們成為$^{12}C$或碳-12）。但少數碳原子多了一個中子，重量更重（$^{13}C$或碳-13）。再更少數的碳原子多了兩個中子，原子核變得不穩定，因此具有放射性（$^{14}C$或碳-14）。不同元素的同位素具有相同數目的質子，但中子的數目不同。同樣地，純粹的鐵原子具有二十六個質子和二十六個電子。但許多鐵原子已經失去了它們的電子。亞鐵離子失去了兩個電子，而三價鐵離子則失去了三個。這讓它們具有不同的電荷。同一元素的不同離子具有相同數目的質子，但電子數目則不同。因此，每一種元素組成的類型都不同。

我們可能會想，在這些類別中，原子都很相似。但連這也不是完全正確，因為原子絕對不會獨立存在。舉例來說，思考一下兩個氫原子和一個氧原子組成了水分子（$H_2O$）。分子內的原子都自由分享它們的電子，但也不能說完全自由。氧分子就是出了名的渴求電子。在水分子內，自由移動的電子時間大多花在氧原子上，而較少花在出了名軟弱的氫原子上。水分子具有一個中性電荷，電荷中共有十八個質子和十八個電子，但它有三極：兩個正氫極和一個負氧極。一個水分子的正極會吸引其他水分子的負極，讓水分子稍微黏在一起。水分子的黏性是造成冰會漂浮的重要特性，也會使液態水最後煮沸前保留許多熱度，並在蒸散作用時透過植物將水往上拉，還有其他許多事物，少了這些事物，生命就不可能存在。這些「氫鍵」也將DNA

的股鏈結合在一起，強韌到足以保存分子完整性，但又寬鬆到足以讓各股鏈分解再重新聚集。（DNA是細胞內儲存遺傳訊息的分子。為了讓這些資訊可以供細胞使用或是傳給下一代，股鏈必須能夠彼此分離，顯示出其隱藏的訊息。）因此，一個原子的特性取決於哪個或哪些其他的原子與其結合。

一個原子或分子可以互相改變，甚至不必結合也可以做到。用個隱喻來說，一個分子的電子可以嚇跑其他鄰近分子的電子，造成電荷差異，讓分子可以互相吸引。這種「凡得瓦力」（Van der Waals forces）也讓壁虎不用真的黏在牆上就可以爬上牆。二〇一四年，國防高等研究計畫局（Defense Advanced Research Projects Administration, DARPA）宣布要發展壁虎裝，使用這樣的力量讓軍人可以爬牆，就算不像壁虎一樣輕而易舉，也可以勝過其他軍人。[1] 在每個原子的離子或同位素類別中，有一整個可能特性的連續體，這取決於其他可能與其結合的原子，甚至是那些恰好接近它的原子。

許多分子可以以一種以上的構造存在，例如就像彼此的鏡像一樣。（這種分子只有兩種可能的鏡像，這可能是宇宙中除了電荷外，少數二元對立的性質之一。）這會造成很大的差異。「左旋」的胺基酸組成的蛋白質讓我們維持生命，「右旋」的蛋白質則常有毒。左旋和右旋的胺基酸混合起來造成不穩定的蛋白質。因此，自然淘汰已經排除任何結合左旋和右旋型態的蛋白質。地球上的生命恰好是以左旋胺基酸開始，右旋胺基酸只好扮演壞人的角色。在火星的生命非線性死亡之前，火星上如果有蛋白質，或許就是由右旋胺基酸組成。

變化越來越多了。想一下有一堆同樣種類的分子，電荷和左右旋都沒有差異。分子集合在一起會具有特定溫度。溫度來自於移動的能量，或分子的動能。但沒有任何兩個分子具有一模一樣的動能。每個分子都有自已獨特的能量狀態，有些移動得多，有些移動得少。你可以把溫度想成是分子的平均動能，但這不是嚴格數學定義下的平均。水一煮沸，平均動能就足以造成分子在液體中不再彼此黏合，自由地以氣態移動飛散。但早在水煮沸之前，許多水分子就已有足夠的能量可以蒸發。連冰都有一些水分子，可以進入氣態，以美麗的科學術語來說，這種過程稱為昇華，但這種例子很罕見。所以甚至連一杯水裡的水分子也有多樣性，而且是連續的多樣性。分子並不是屬於動能的類別。

可能存在的分子種類數目理論上是無窮無盡。在真實世界中，這並非無窮無盡，但當然也超越人類心靈所能理解的範圍，至少我無法理解。一九七六年，我在有機化學拿了C，後來每況愈下。

所以這就是多樣性、多樣性、多樣性，且常是連續而非可分類——而且我們還只是在講分子而已。

分子的功能也很多樣。以下只是一個例子。神經細胞膜中的蛋白質通道打開，之前排除在外的鈉離子得以快速進入神經細胞時，會發生神經衝動。但真正發生的是**有些**蛋白質通道打開，有些沒有。只有這些蛋白質彼此達成某種相當比例共識，才會有足夠的鈉流入細胞，刺激神經衝動。蛋白質絕對不是永遠都以同樣的方式行動。

## 宏觀世界中的多樣性

即使是相同類型的細胞，也沒有任何兩個是完全一樣的。舉紅血球細胞為例。紅血球細胞構造很簡單，差不多就是細胞膜裡有血紅素。紅血球細胞平均存活一百二十天。但就算有，也只有極少數紅血球細胞真正存活一百二十天。一百二十天是平均數字。有些存活一百天，有些存活一百四十天。有些存活幾個小時，而有些可能存活了一年。紅血球細胞中可以找到一連串的生命期。其他細胞也是。

順道一提，人類的壽命也是如此。聖經說，人類會活七十年。有些基本教義派人士接受了字面上的意義，認為自已到了七十歲就會突然死亡。我不是在開玩笑。但每一群人，無論是家庭、城市、國家或種族，都有自己的平均壽命。近年來平均預期壽命增加，這主要不是因為最長壽命延長（即使在古代也一定有非常老的人），而是因為嬰兒和兒童死亡率降低。這提高了人口平均死亡年齡。

就連一個有機體究竟死亡或活著也不完全是二元對立的狀態。當然，死亡或活著也不完全是連續的狀態。身體因為年老或受傷累積的破壞到了一個點，就會停止運作。死亡證明上的

「死亡時間」並不只是所有原子、分子、細胞和器官運作或停止運作的平均數字。死亡的「時刻」並不是錯覺，但也不是全然二元對立。「腦死」的人並不是真的大腦死亡，而是大腦唯一仍在運作的部分只剩腦幹，還能維持呼吸、心跳和消化。大腦「死亡」的部分在代謝上是活著的，小腦和大腦的神經細胞會持續代謝，但也僅剩這樣的功能了。那腦死的人還活著嗎？某種程度上，死亡與否現在端看科學界定。醫療干預可以刺激肺部來呼吸，心可以跳。在「死亡時刻」，許多代謝的過程仍持續在細胞層級進行至少幾分鐘。這就是為什麼死人的血呈褐色，而不是紅色：細胞會持續從血液吸取氧氣，甚至在人停止呼吸後也會，除非那個人死於氰化物中毒。氰化物會阻止細胞使用氧氣，因此，氰化物中毒的受害者死亡後血液呈鮮紅色。[2]

同一物種的任何兩個有機體不會完全一樣。有時候兩個個體可能是彼此的「複製品」，這代表他們的基因完全相同。（基因為「遺傳學」的基礎，是編碼於DNA中的訊息，而且可藉由有性生殖代代相傳。）複製最為人知的例子就是同卵雙胞胎。但基因相同不保證「複製品」外觀、行為或思考會一模一樣。不同個體即使具備相同基因，出生前後也會有不同的經歷。營養不良或受傷可能造成身體的改變。不同經驗可能造成心理差異。有些物理經驗（例如營養不良）可能造成基因活動狀態的差異，也就是基因使用的方式可能不同。因此具有相同基因的兩個個體可能會以不同方式使用基因。而活動狀態本身可以代代相傳，這就是**後生學**（epigenetics）這種驚人的新科學基礎。考慮到所有這些身體和心理多樣性的可能性，雙胞胎成長過程時完全分開，而且不認識彼此，但還能夠非常相像，這就很驚人了。有時候同卵雙胞胎可以選擇兩人背道而馳，這或許是要有意識要肯定自己的個體性。有時候他們會選擇互相模仿，這可能是要製造出陪伴感，或者只是想看我們一直把他們搞混時臉上的表情。

我們二元分類的偏見鼓勵我們人類區分「我們」和「他們」。這樣一來，我們往往會將兩者同質化。我們會將敵人去人性化，認為他們都具有類似特質。但我們也會將自己去人性化，假設我們都很類似，或者至少應該要很類似。假如我們的敵人並未具有類似特質，假如我們了解了有些個體是好的、有些是壞的，我們就可能覺得把炸彈一視同仁丟在他們身上並不公平。而如果**我們**沒有都很像，麻煩的少數族群可能就會被分類成叛徒。舉南北戰爭前的美國為例。並不是所有北方人都贊成廢奴。事實上，有些人即使本身並未蓄奴，仍從奴隸制度中獲利。北方人依法必須逮捕逃亡的奴隸，還給奴隸主人。也並不是所有南方人都對奴隸殘暴以對。但南北間的衝突往往會壓下雙方少數份子的意見表達。北方同情奴隸制度的人和南方贊成廢奴的人都保持沉默。社會困境常常會讓人趨於一致。我們在目前的政治局勢中就可以看到，和其他政黨成員合作的溫和派政治人物越來越少見。

或許同一分類中的社會均質化在種族認同的事務中最為明顯。從其他星球來訪的有智慧生物可能會對人類種族的概念深感困惑。種族並不完全是人為的建構，但種族分級常會隱藏住許多多樣性。但種族差異也不是非黑即白。究竟這世界有多少種族呢？舉例而言，班圖人（Bantu people）是黑人，他們的祖先來自西非，嘴唇較大，鼻子較扁。但桑人（San people）也是黑人，他們的祖先來自非洲南部，和班圖的五官極為不同，皮膚有時黃多於黑。衣索比亞的黑人臉較長，嘴唇較小，鼻子也較尖。之後會越來越複雜。實行種族隔離的南非與這樣的社會定義抗爭，最後必須將祖先來自中國的人歸類於榮譽白人。[3]假如這件事沒有那麼嚴肅的話，那真的是一個可笑的例子，說明有人急切到不惜想把分類加諸於連續性上。

然後還有種族融合的問題。許多人都是混種的人，包括我自己。美國人口普查局（Census Bureau）直到最近才允許個人具有多重種族身分，這很讓人驚訝。布萊恩・賽克斯（Brian Sykes）解釋，有些人認為自己是純粹黑人或白人，結果發現自己的染色體藏有不同種族的DNA。[4]在奧克拉荷馬我們就有黑人切羅基人（Cherokees）。

之後事情甚至變得更加複雜。

每個地球上的微生物、植物及動物物種都有基因甚至種族上的差異。我們甚至不知道地球上有多少物種。兒童時期，我以為某個地方有一個檔案櫃，所有的物種都記錄在紙上。我懷疑那櫃子是在史密森尼學會（Smithsonian Institution）中，而聲音低沉的洛倫・埃斯萊（Loren Eiseley，他主持了一個關於史密森尼協會的節目，於星期六早上播出）有鑰匙。但實際上並沒有這種物種資訊的儲存庫。像「網路生命大百科」（Encyclopedia of Life）這樣的網站有每個已知物種的專屬網頁，但這些網站仍在進行未完工程，而且會永遠進行下去。[5]生物學家估計，世界上可能有一千萬有機體物種，這取決於你如何定義物種。生物學家試圖將物種定義為自然世界中彼此同物種雜交的有機體。但有些物種本身會跨物種雜交。物種是真實的分類，但不是全然分離的分類。生物多樣性就像佈滿塊狀物的肉汁，而塊狀物就是物種。

同樣地，我們不可能分類物種間的生態關係。有一天早上，就像奧克拉荷馬日常的早上一樣，我看到一些禿鷲飛過頭頂。禿鷲是食腐動物，就是這樣。但是真的是這樣嗎？禿鷲就像所有食腐動物一樣，特別愛吃死掉動物的肉。死掉的動物不會反擊或逃跑。但「食腐動物」並不是禿鷲的身分，只是它的專門領域。任何不會反擊或逃跑的肉，就算動物還活著，也可以當作禿鷲的一餐。奧克拉荷馬的牧場主人一旦知道母牛準備生產，最好就把母牛放在畜舍，或牽到外面的牧場上，因為禿鷲會看準小牛生出來的時間。出生時間一到，禿鷲就會飛進來，開始一小口一小口啄新生牛身上脆弱的點，特別是眼睛和肛門。「食腐動物」是一種類別，但這種類別和「肉食性動物」之間有部分重疊。

同理，母牛和鹿之間顯然在「草食性動物」的分類。母牛整天四處走動、哞哞叫和吃草。牠們非常適應自己的草食性動物分類，胃裡就有專門的細菌，協助牠們消化牧草。吃草和吃其他植物是不同的草食性分類，而草食性動物可能專吃一種或其他種。一般而言，牛隻會吃草而鹿會吃其他植物。但牠們有時也會破壞草食性動物的分類。眾所周知，牛會吃掉困在霧網的鳥的頭，而奧克拉荷馬鄉下養雞的居民知道如何利用兩層雞網，保護小雞不會被浣熊和鹿吃掉，不這樣的話，鹿就會將口鼻伸到籠子裡，大啖剛孵出的小雞。松鼠會吃堅果。但假如松鼠被車輾過，另一隻松鼠可能會跑向牠，不是要向老朋友說再見，而是在下一輛車經過之前偷吃幾口肉。

食腐動物和草食性動物是完全有效的分類。每一種物種都是有效的分類。但科學家承認分類幾乎必然有缺陷，例如草食性動物吃肉和兩種不同物種彼此雜交。種族是具描述功能的有用分類，但現在大多數人承認每個人都是獨特的基因組合。有些科學家認為種族最後會融合在一起，就像在夏威夷和巴西一樣。[6] 其他科學家則認為人類仍會持續偏向和具有同樣外部種族特性的成員成為配偶，因此維持了種族獨特性。但分類的純粹性並不存在，包括食腐動物、草食性動物，人類種族尤其如此。

探索實體世界時，科學會擁抱各種層次多樣性。基於某些目的，必須強加秩序在這樣的多樣性上。我們無法完全確定我們對事物的分類是否正確，但這並不會妨礙我們研究它們。雖然沒有任何兩個人類會完全一樣，但我們還是持續研究「人」的心理學和健康。並非所有的膜蛋白質都完全彼此相符，但這並不會阻礙神經衝動發生。科學家會測量溫度，即使每個分子都有自己的動能層級。科學家會盡可能尋找模式、驗證假設，不讓多樣性壓垮我們。幸運的是，我們大多數人都喜愛多樣性，無論是看到很多不同樹種的自然多樣性，或是各種族裔料理的多樣性。

## 宗教和分類思考

分類相對於連續的思考也反映在我們的宗教上。一方面，一神論的宗教是二元對立的。只有一個上帝，而祂就是我們的上帝。其他宗教的神並不存在，或者根本是惡魔。曾活過的每個人不是去了天堂，就是下了地獄。（天主教教堂以前承認第三個區域，也就是「地獄邊緣」〔limbo〕，這是無辜死嬰的去處。但最近天主教捨棄了這個觀念，死嬰現在會上天堂。）古老的宗教將人分成「綿羊」（得救的人）和「山羊」（該死的人）。但無論存在多少多樣性，到最後都無關緊要：即使綿羊和山羊極為相似，可以雜交（生出「綿山羊」，我開玩笑的），偉大的審判者上帝還是會把牠們分開，把綿羊送到天堂的牧場，永遠安全地吃著草；把山羊送到地獄，永遠嚼著垃圾堆裡的東西。另一方面（我似乎總是無法擺脫這種二元思考！），多神教可能認為投胎轉世後基本上有無限多種可能的命運。生物世界極為多樣，但創世紀在這種多樣性上強加了嚴格的分類：植物在第三天創造，魚和鳥在第五天創造，而人、牲畜和「昆蟲」在第六天創造。（有趣的是，在這個聖經的章節中，人類自己並沒有獲得一天或一個分類，他們和昆蟲一起被丟進去。）之後在猶太聖經《妥拉》（*Torah*）中，動物都以二元對立的方式分類：純潔的動物相對於不潔的動物。

宗教還以另一種方式創造了虛假的二元對立分類，而這一次是許多科學家共同抱持的意見。許多人假設科學和宗教必然敵對。幾世紀前，伽利略解釋地球繞著太陽轉，這種說法被認為是對宗教的攻擊。今天很少有人這樣相信（還是有一些），但仍反對演化科學，認定這是對上帝的攻擊。[7]的確，許多宗教人士嘗試利用他們的信仰質疑科學的事實。但許多科學家個人也有宗教信仰。伽利略就是其中一個。我們應該記得伽利略說的話：宗教「告訴我們如何上天堂，而不是天堂如何運作」。

自己動手做

1. 想一件你一直認定始終不變的事，然後仔細檢視其多樣性，無論是你花園裡的玫瑰或顯微鏡下的鹽結晶都可以。
2. 想讀一本裡面講到無所不用其極，強迫將每個人依種族分類的小說嗎？讀讀看馬克．吐溫的《傻瓜威爾遜》（*Pudd'nhead Wilson*）。

# 第九章　因和果

在日本，有些人會做**森林浴**，也就是沐浴在森林的香氣中。這種作法一般認為可以降低血壓，並減少唾液中壓力激素皮質醇的數量。[1]有些研究者將壓力減少歸功於揮發性化學物質，例如樹木釋放的單松烯（monoterpenes）。[2]

這讓我們與所有科學中最重要的觀念之一面對面：相關不等於因果。兩個變數可能互有關係，例如高血壓和缺少單松烯，以及低血壓和存在單松烯。但這並不是說單松烯會降低血壓。我們的大腦會有偏見，將相互關係解釋為因果關係，可以說是不經思考就這樣做。

可能在森林裡真正發生的是其他因素讓人放鬆。單松烯並不是人們到森林裡唯一感受到的事物。在其他所有方面，他們都很放鬆。沒有忙碌的時間表、沒有噪音、沒有其他人，只有陰影和沙沙的聲音。愛德華．威爾遜（Edward O. Wilson）可能是世界上最知名的科學家，他率先稱心靈感受到身處自然中的快樂為**熱愛生命**（biophilia）。[3]這也是一種偏見：大家**預期**在森林中感到放鬆。喔，還有單松烯。研究人員注意到這個問題。他們在受控條件下，對實驗室老鼠餵食單松烯，並發現和對照組相比，牠們會產生和人類類似的生理效應。

統計分析本身無法解決這項問題。統計方法可以計算相關係數，告訴你是否顯著，但僅止於此。所以雖然《新英格蘭醫學雜誌》（*New England Journal of Medicine*）於二〇一二年刊登了一篇論文，聲稱吃巧克力會讓你變聰明（噢，我們不都這樣希望嗎！），但作者看到的是虛假相關。[4]較聰明的人做的很多事和他人不同，顯然其中包括吃巧克力在內。

## 多重因果關係和階層式因果關係

人在森林裡會因為多重原因而放鬆，其中一種可能是揮發性化學物質。這是**多重因果關係**的一個例子。

還有另外一種方式造成結果可能有一種以上的原因。這些原因可能以階層方式彼此互為因果，而這就是**階層式因果關係**（hierarchical causation）。假設有人拿槍要射你，你很自然就會說那個人要射你。但你也可以說槍要射你，或者子彈要射你，或化學及物理定律（將爆炸的動力加在子彈上）要射你。要是上帝真的掌管自然定律，你甚至可以說上帝要射你。這就是各階層的原因。這聽起來有點像〈這是傑克蓋的房子〉。你知道的，就是歌詞像下面這樣的兒歌：「傑克蓋的房子裡有麥芽，麥芽被一隻老鼠吃了，老鼠被一隻貓咬死了，貓又被一條狗追了，這就是追貓的那條狗。」[5]這似乎很異想天開，但容我提醒你，數十億的產業可能就建構在階層式因果關係刻意扭曲的結果上。美國槍枝遊說就為美國境內好幾億的槍支辯護（估計數字從兩億到三億不等[6]），聲稱「槍不會殺人，人才會」。當然，沒有人會說槍從櫃子裡跑出來殺人。人才會用槍殺人。

現實由複雜的階層式和多重因果關係層層組成。想像一下一個在路上遇到熊的健行者。接下來會發生什麼事？熊會攻擊嗎？還是會轉身離開？攻擊會致命，還是只是造成輕傷？有諸多因素同時在起作用。有些因素和個人相關。遇到熊的時候，那個人在做什麼？還有其他人在場嗎？那個人或那些人對熊採取什麼行動？有可以嚇跑熊的東西嗎？再來就是和熊有關的因素。熊接下去會做什麼取決於物種（黑熊可能比灰熊危險性低）、性別、情緒、饑餓狀態、個別行為模式（顯然有些熊精神失常）、附近有多少其他的熊、熊之前是否遇過人類、面對人類經驗好壞、熊在自己的族群是主宰者還是順從者、熊是否看到或聞到人等等。如果是母熊，牠有沒有小熊反應會很不一樣。另外還有環境因素：反應可能取決於棲息地、時節、一天當中的時間等。當然，你沒有時間去思考這些問題。有些人說遇到熊的時候，你應該讓自己看起來塊頭大一點，但這只會讓熊認為有更大塊的肉等著牠吃。

幾乎到處都可以找到多重因果關係。舉例而言，全球暖化造成溫帶的冬天較暖，帶來的結果之一就是候鳥物種中有許多種類的鳥，現在因為冬天較短、較暖而待在家園。[7]但那不是唯一的原因。過去，鳥類必須在冬天遷徙才能找到食物，但現在成千上萬的人有餵鳥器。或許有些鳥停止遷徙並不是因為冬天變暖，也是因為有了餵鳥器。餵鳥器不太可能對鳥類遷徙產生重大影響，因為它們能提供的食物明顯少於整個鳥類族群所需。但餵鳥器是一些鳥停止遷徙的多重原因之一。

## 因相對於果

最後，有時候很難區別哪個因素是因、哪個是果。究竟何者為因、何者為果可能對世界關係重大。大家都知道，人口成長率高的國家貧窮問題也很嚴重。（這並不是說這些國家很貧窮。它們可能有一小群富裕的上層階級，但許多人很貧窮，導致多數人覺得心安的平均富裕程度。）順理成章的假設是：人會貧窮是因為小孩太多。但如果真是這樣，人類未來將會一片黯淡。要是你把食物和醫藥給了窮人，他們就會有更多小孩，最後你們貧窮的程度就會一樣，只是多了更多窮人。想解決貧困問題的方法最後只會製造更多貧困。這是經濟學家肯尼斯·博爾丁（Kenneth Boulding）所說的「完全悲觀的定理」。[8]

但要是扭轉因果關係，說貧窮造成高出生率呢？這一開始聽起來很荒謬，但設想一個住在鄉下的家庭，他們沒有任何經濟保障，健康也堪慮。假如這種家庭只有兩個小孩，兩個可能都會死掉。在較多小孩的家庭中，有可能其中一個小孩會找到好工作，提供資源給整個家庭。要是這聽起來還是很不可思議，那就思考一下自然淘汰的問題，本書之後有一章就在討論自然淘汰。自然淘汰會獎賞個人而非團體。人口過多的國家可能會很貧困，但自然淘汰會有利於在競爭遊戲中獲勝的個人（及家庭）。如果真是這樣，提供食物和醫藥實際上就會造成出生率下降，因為父母會選擇生少一點小孩。（這也預設社會中可以這樣選擇，例如有節育措施。）

事實是貧窮和高出生率彼此相關，但我們無法單就相關性區別何者為因、何者為果。這需要實驗驗證。實驗已在無意中完成。像美國這樣的國家一直無法置身事外，容許印度和大多數非洲國家的人民受苦受難。所以即使有加劇人口爆炸的風險，他們還是提供了食物和醫藥。結果呢？過去幾十年來，世界上幾乎每個國家出生率都**下降**。[9] 因此，貧窮造成人口爆炸，而一旦對抗了貧窮，也幫助了解決人口的問題。這是好消息。親愛的朋友，抓住這一點，因為我們必須盡可能獲得好消息。在某些地區，世界性的貧窮正在減少，現在在印度已經很少見挨餓的情況。世界人口成長已經趨於和緩，但要不是人口已經讓地球承受過大壓力，生態系統失靈，也不會有這樣的一天。

有時候因果關係的箭頭是雙向的。出現這樣的狀況就要小心了。我們稱之為「惡性循環」。其中一個重要例子和全球暖化有關。溫度升高造成極冰融化。但冰一融化，極地的土地和海洋就會吸收更多光，反射的光變少，造成極地環境變暖。全球暖化造成冰融化，冰融化造成全球暖化，這接著又造成更多冰融化，然後……一直不斷循環下去，沒有人知道會在哪裡停下來。我以前會擔心人口爆炸的問題，現在我擔心的是這一點。當然，人口成長會加劇全球暖化。酒拿過來！

二〇一四年，一篇文章出現在《科學》（*Science*）期刊上，這是因果關係來回網絡特別有趣的例子[10]，這和農業起源有關。

首先，我先說一下農業起源的背景。大多數人假設農業是人類所發明的，尤其可能是某個聰明的男性在古代近東時的某個下午發明出來。他對自己說：「我們四處採集野生種子，這代表我們必須一直移動。但如果我們種下種子，種子長大成下一代的植物，我們就可以待在家吃這些植物。」因此不僅農業誕生，村莊生活也因應而起。這個故事稱為農業起源的「聰明男性」理論。然後有其他人指出實際上是女性採集了大多數的穀物、水果、塊莖和堅果。所以女性必然發明了農業。這就是「聰明女性」理論。

但農業起源必然是較循序漸進的過程。[11]思考一下栽培小麥的起源，小麥就是最早的歐亞大陸作物。假如有人嘗試栽種野生種子，這些種子會長不出來。野生穀物中包含發芽抑制物質。此外，野生穀物的種子會從莖掉下來，你必須在種子掉到泥土前採集好。再者，相較於現代小麥飽滿的穀粒，野生穀物往往較小。這些狀況都會對農業造成極大不便。所以如果一個聰明的男性或女性嘗試利用野生穀物發明農業，最後必然失敗。但顯然發生的是採集野生穀物的人傾向採集較大的穀物，而且這些穀物還沒有從莖掉下來。也就是說，他們採集的穀物並不是隨機採到的野生穀物，這些穀物都比較大，收成時還附在莖上成長。他們搬到新地點時，就把這些種子帶著。一代傳一代，他們採集到的種子就越接近我們現代的作物。幾百年後，他們改良了野生穀物，準備好以真正的農業進行成功的實驗。

無論如何開始，人類都**導致**野生植物轉變為作物。然後呢？植物**導致**人類改變。動物一般而言會使用稱為澱粉酶（amylaze）的酵素，這樣就可以消化澱粉。栽培穀物比野生水果和堅果澱粉含量高。因此，靠農業過活的人和繼續靠野生食物過活的人相比，就演化出製造更多澱粉酶的能力。今日，比起吃較多野生水果和堅果而基因相似的西伯利亞人，吃很多米的日本人就有比較多的澱粉酶基因複本。[12]人類造成植物演化，植物也造成人類演化。

這只是背景。現在回到二〇一四年那篇文章的新結論。植物對人類演化的影響尚未結束。作物本身對人類**社會**演化造成重大影響。小麥是一種農人可以自行栽種的穀物。但稻米這種作物雖然光靠一個人就可以栽種，卻全村的人一起工作，擠滿稻田並移植水稻植物生產力就會高很多。因此，標準心理學測驗測量出在中國生產小麥的地區，人民的思維和行動會較個人主義，而生產稻米的地區人民較具族群意識。這甚至展現在生產小麥地區比生產稻米地區離婚率高的狀況。需要整個村莊才能養一個小孩嗎？如果你的糧食系統是以稻米為基礎，當然是這樣，但如果你的農業以小麥為主，可能就不盡然了。

農業因果關係的箭頭有兩頭：人改良了植物，而植物在生理學上和社會學上也改進了人。一般常認為因和果是科學最基本的概念，但誠如我們目前所見，在許多例子中，兩個或兩個以上的過程可能互為因果。

## 一個知名科學家的著名例子

萊納斯·鮑林（Linus Pauling）是有史以來最知名的科學家之一，他就把相關和因果搞混了。他誤下結論說維生素C可以預防感冒。[13]

兩者有清楚的相互關係：吃維生素C營養補充品的人平均比沒有吃的人少感冒。但吃維生素C營養補充品的人除了吃維生素C之外，還有很多其他健康的習慣，他們也會吃其他營養補充品。一般而言，他們往往更注意健康。他們會運動、注意飲食，從公眾場合回來後會洗手。感冒發生機會較小可能是這些其他因素之一或幾個因素結合帶來的結果。也就是說，維生素C可能只是他們少感冒的許多原因之一而已，也可能根本不是重要的促成因素。鮑林誤以為相關即是因果。雖然他引用了一些他相信設計良好的研究[14]，但這些研究大多未確認維生素C本身可以治療感冒。[15]

我們在本章可以看到，要辨識自然和人類世界中的因和果並不如我們以為的那麼容易。科學家花了很多時間、精力設法避免得出以虛假相關為基礎的結論。

### 自己動手做

想一個你一直認為很單純直接的因，再想出其他可能也是因的要素。

# 第十章 貓咪巴多羅繆（Bartholo-meow）聰明嗎？

小孩子自然而然就會想知道什麼原因導致事情發生。人類知識，包括科學在內，就是奠基於這種心理核心。但小孩子能夠理解的因果關係類型，是許多原始社會整個信仰體系的基礎，對我們來說也是唾手可得，不過這種因果關係和科學對這世界的理解大不相同。

## 處處見智慧

我們隨時都會看到人在做各種事情。因此，我們看到某件事發生，就算沒看到人，仍會猜測是人為造成，這樣的假設並不過分。若古代人感覺到風在吹，就以為一定有人在吹氣。聖經以古希伯來文和古希臘文書寫，在這兩種語言中，代表風、呼吸和靈魂的字都是一樣的（希伯來文是用 ruach，而希臘文則是用 pneuma）。上帝的靈魂是什麼樣子？耶穌說你可以聽到樹林裡的風聲，那就是上帝靈魂的模樣。全世界民族的神話都將自然現象歸於眾神，包括雷電、下雨、春天野花的成長等。在很多例子中，眾神的行動變化莫測，就像人類一樣。

而這也是人類自然而然的偏見——科學家必須抵抗的：**媒介**（agency）的偏見。我們往往會認為有智慧的媒介造成事物發生。西方宗教逐漸放棄上帝直接造成每項如風在吹等自然過程的信念。但這種偏見深植我們的心靈，至少在我們使用比喻時會出現。一般的冬季氣象報告會說溫度「爬升不超過華氏二十度」。

隨時間過去，大家開始不滿超自然媒介的說法。世界上發生的許多事實際上並不是變化莫測。希臘神話中，希臘人稱為海柏利昂（Hyperion）的太陽神駕駛戰車穿過天空。海柏利昂年復一年總是駕駛戰車經過完全一樣的路線，他不會覺得無聊嗎？他的行為舉止不太像神，反而像構造繁複的水車，總是以同樣的方式嘎嘎嘎地轉。即使在最早的文明中，天文學家也會觀察天空，他們知道可以依星辰移動規劃農作時程。

除非你沒辦法這樣。有些年比較寒冷。但即使是那樣的時候，農作時程還是有規律可循。你可以觀察樹林中春芽萌發的過程，這是一個相當可靠的指標，告訴你那年溫暖的氣候何時會到來。聖經中，耶穌說無花果一發芽，即使每年的時程日期不一樣，（推論後）你還是可以知道冬天終於結束。我實際研究了春芽萌發，包括桑葚（和無花果是近親）的芽，可以確認耶穌的說法正確。在我的資料集中，榆樹發芽後就會出現霜，但絕對不會是在桑樹發芽後。耶穌也說如果天空在早上是紅色的，你就知道暴風雨即將來臨。這並不是暴風雨之神反覆無常。耶穌說這些事時，並不是展現超自然的智慧，只是訴諸他周遭每個人已經知道的事。

數學家和天文學家開始找出許多一再出現的天文事件的完全可預測性，甚至是那些極少發生的金星凌日。但這並不代表人就停止將事物歸因於眾神，他們只是開始認為上帝或其他神導致事件發生，但不一定需要一件一件促成。這種宗教觀點今日還是存在。大多數信教的人相信上帝控制了重力定律，而不是控制每顆星星和每片樹葉掉落。

但許多信教的人不願意將這種認知延伸到過去。他們相信上帝必然在過去就創造了萬物現在的面貌，然後讓萬物開始運作，就像製造時鐘的鐘錶商一樣，先把鐘上緊發條，然後讓它運轉。神創論者相信自然法則解釋了今日發生的事，但無法解釋萬物起源。許多人一心抱持這種觀點，會直接找證據證明地球已存在幾十億年，而且各種有機體有演化上的祖先，但實際上他們看不到證據。

我並不是要嘲弄這樣的人。他們只是表現出媒介的偏見，而人類一直在這樣做。科學家也可能落入這種陷阱。現代科學中，發生這種狀況最常見的方式就是我們假設動物，甚至植物具有智慧，但實際上可能並不是這樣。[1]

## 有智慧的植物？

許多有機體具有智慧可能是一種錯覺，甚至是幻想，造成的原因是人類會以智慧適應世界。但其他種類的有機體會以不同方式適應這個世界，但我們不一定會稱這些方式為智慧。我會將智慧定義為一種心理過程，過程中會將數據從世界中擷取出來，與已儲存的資訊比較，藉此達到結論，知道應該怎麼辦，**而且**多少意識到這樣的過程。

以樹木為例。樹木似乎知道很多事。樹幹一直向上生長，樹根則一直向下生長。它們怎麼知道怎麼這樣做？當然，它們不是真的知道，它們只是回應環境。小澱粉粒會沉積在它們的細胞內以回應重力，並「告訴」細胞哪個方向往下，這就像我們耳朵半規管中布滿礦物質的小細絲會「告訴」我們哪個方向往下。植物會製造荷爾蒙回應這種資訊，而我們會用大腦回應。

植物沒有大腦，也沒有智慧。有些科學家和科學作家說植物有智慧，但這只是擴大了智慧的定義，代表任何回應環境的有利方式。你也可以說恆溫器有智慧，因為它「知道」何時開關暖通空調系統。為了回應重力，根只是對自己「說」：「往澱粉粒去的方向生長」。他們利用從環境而來的資訊，並與基因指令相比較，但稱這是智慧就過度延伸這種概念了。（但有些植物的反應很複雜，或許可以視為丹尼爾．查莫維茨〔Daniel Chamovitz〕所解釋的「原始智慧」〔proto-intelligence〕。）[2]

沒錯，我就是在說植物很笨。雖然我是植物學家、研究植物而且喜愛植物，我還是會這麼說。我並不是說它們很愚蠢。愚蠢代表做了你應該知道不對的事。但植物很笨是因為它們做了一些事情，但並不知道正在做什麼。我們看到樹葉往太陽生長時，往往會認定樹葉有智慧，好像它們決定往太陽的方向長一樣，因為我們要是葉子，就會這樣做。

說植物很笨並不是貶低它們可以做到的驚人之舉。某一天，我太太和我沿著河走，我們看著一棵看過很多次的樹，但這一次更仔細觀察，發現這實際上是同一物種的兩棵樹長在一起。我太太說這是兩棵樹，而不是一棵樹在生長初期分成兩棵，因為兩棵融合在一起的樹幹都各自有不同的根，一棵樹的根長在另一棵根的下面或上面。這兩棵樹看起來像一棵，但原因非常簡單：樹枝會向光生長。因此，兩棵樹鄰近彼此時，長在**遠離另一棵樹**那面的樹枝就是會生長的樹枝。

另一件讓人認為樹有智慧的事是它們會溝通。假如動物開始吃一棵樹的樹葉，那棵樹就會透過根部往下傳送緩慢的電脈衝。這種電波的訊息可以經過菌根，進入其他樹的樹根，其他樹會開始在樹葉中製造毒素。樹會「告訴」其他樹，草食性動物來了。一則法國新聞提到：「樹有智慧？讀完這則報導後，你就再也不會懷疑了。」[3]這實際上是一種複雜的溝通機制，但樹並不知道自己在做什麼。

有時候智慧並不值得那個價錢。智慧需要大腦，而大腦很昂貴。替代智慧的方式，甚至會達到更好的結果，例如植物單純的生長反應。假如那兩棵上面提到長在一起的樹是有智慧的人類，它們就比較難想出樹枝和根可以生長在哪裡，就會像兩個同住一間公寓結果吵架的人一樣。但這兩棵樹遵循單純的原則，不加思索，所以達到完美的解決方式。

## 有智慧的螞蟻？

然後還有螞蟻。牠們替代人類智慧的方式驚人地有效。螞蟻是世界上最神祕的研究主題之一。牠們幾乎到處生長，每個人都認識螞蟻——或者以為自己認識。每隻螞蟻都很小，而且並不是太聰明，但整體的蟻群就表現出大多數人覺得毛骨悚然的智慧形式。

有一天上班前，我把一個裝滿洋芋片的袋子封起來，放在冰箱上方。當時我還很愛吃洋芋片。我以為螞蟻應該沒辦法碰到洋芋片。但我一回家，就發現有一大群螞蟻從門跑出來，爬上牆，經過袋子碰到牆的那個很小很小的點，然後爬進袋子裡。牠們怎麼辦到的？牠們怎麼知道洋芋片在哪裡？你可能猜是因為味道。那一定和味道有點關係。但牠們怎麼找到袋子和牆之間那個小到不能再小的接觸點？

事實上，我不會將這定義為智慧。單一一隻螞蟻幾乎沒有稱得上智慧的東西。覓食的螞蟻（相對於捍衛蟻窩或照顧幼蟻的螞蟻）會遵循三個極其簡單的規則：

- 隨意四處走動找尋食物。
- 假如找到食物，就咬一口，然後直接回家，留下一條有味道的路徑。
- 假如發現其他螞蟻留下的有味道路徑，就停止四處走動，沿這條路找到食物，咬一口，然後沿著路徑回家，留下一條有味道的路徑。

假如有一隻螞蟻找到食物，其他螞蟻跟著有味道的路徑並不會花太久時間，然後這條路徑就成了有味道的超級高速公路，整個蟻窩所有的螞蟻注意力都集中在此。混亂地走會轉變為有秩序地覓食。[4]我們可以把這想成是一種集體的智慧形式。你甚至可以把蟻窩視為一種有機體，一種威爾遜所稱的**超級有機體**（superorganism）。[5]

因此，螞蟻和我們回應這世界的方式非常不同。遠古的獵人會先思考現在或之後哪裡會有獵物，而螞蟻只是遵循像機器人一樣的規則。這是不同類型的心理適應，但這很有效。昆蟲欠缺智慧，所以就以數量取勝。威爾斯（H. G. Wells）寫《螞蟻帝國》（*Empire of the Ants*）時就了解了這一點。達芙妮・杜穆里埃（Daphne Du Maurier）寫《鳥》（*The Birds*）時也運用了這種概念。鳥類是最有智慧的動物之一，但在杜穆里埃的故事中，牠們一大群攻擊人類並不是**有計畫**要摧毀我們。她只寫道牠們是遵循了幾十億年來的演化指令。

我們人類往往會把動物想得比牠們實際上有智慧。我想的是傑克・倫敦（Jack London）《野性的呼喚》（*Call of the Wild*）裡的狗——巴克（Buck）。雖然倫敦非常努力賦予巴克和人類不一樣的智慧形式，但巴克還是不太可能知道所有那些倫敦加諸牠身上的事。另一方面，我們也不想過於反其道而行。哺乳動物和鳥類都具有所有不同等級的智慧。而且牠們不是機器人（雖然個別的螞蟻可能是）。哺乳類動物或鳥類和像機器人一樣的昆蟲差異在前者一再重複做一樣的事可能會覺得厭煩，機器人和昆蟲則不會。

## 自覺和同理心

雖然這聽起來可能很驚人，但許多科學家，包括勒內．笛卡兒（René Descartes）在內，都曾以為哺乳類動物不會覺得疼痛。牠們的行為可能看起來像覺得痛，但他說這只是牠們的反射性動作。假如笛卡兒活在今天，就會把牠們描述成是機器人。到了上個世紀左右，科學才否定這樣的假設，開始把動物當作有知覺的生物，雖然並不是非常有智慧，但實際上可以感覺到疼痛。

但我們對智慧的定義可能不僅於此。我們可能會希望納入**自覺**的能力，這種能力只有人類和其他一些物種擁有。許多人會用貓作為例子，其中包括我非常親近的人。他們說貓是具有自覺的生物。任何擁有貓或成為貓奴的人都會試著這樣做。我並不是說你的貓——巴多羅繆**沒有**自覺，我只是說你沒辦法證明。巴多羅繆並不一定愛你（抱歉），而只是希望從你那裡獲得溫飽，而且潛意識知道發出呼嚕聲就能遂其所願。

沒有人知道要如何決定動物是否具有自覺。但已經有人嘗試過兩種非常有趣的方法。第一種是**鏡子測驗**。動物認得鏡子中的自己嗎？或者會認定鏡中的影像是其他動物？大多數鳥類無法通過測驗。牠們看到自己鏡中的影像會發動攻擊。美國幾個城市中，鳥類已經發現如果牠們坐在後照鏡，身體往前傾，牠們就會找到另一隻鳥，然後牠們就會攻擊這隻鳥。牠們可能會弄破後照鏡。鳥類無法理解牠們犯的錯，所以會互相模仿。很快全市的鳥就會這樣做，市民必須在車子無人看管時，用塑膠袋把後照鏡包起來。[6]整整兩年，一隻公的北美紅雀在春天的交配季節時，每天清晨攻擊自己在我浴室窗戶的反射影像。

將鏡子測驗稍加變化的測驗就是**腮紅測驗**。這常常是「鏡子測驗」一詞的意思。你把一些化妝品擦在哺乳類動物肩膀上，牠們看不到的地方，然後讓動物看鏡子。如果牠有自覺，在看鏡子時就會把腮紅擦掉。牠知道鏡子裡的影像是自己，也知道有東西在皮膚上或毛髮上。現在你可能會問：「你怎麼知道牠們不是只是感覺到有化妝品，然後想辦法擦掉？」研究者把一些看不見的飾底乳擦在另一邊的肩膀上，這種飾底乳感覺起來像腮紅，但鏡子裡看不到。有自覺的哺乳類動物只會去擦腮紅。結果猿類（黑猩猩、倭黑猩猩、紅毛猩猩、大猩猩，當然還有人類）都以這種方式測量出具有自覺。虎鯨和瓶鼻海豚也是。[7]雖然我上面有對鳥類智慧的評語，但歐洲喜鵲仍通過了測驗。根據貝恩德．海因里希（Bernd Heinrich）和其他人的著作，烏鴉、喜鵲和牠們的近親都相當有智慧。[8]烏鴉顯然甚至會記得過去威脅過他們的人臉孔。[9]

還有大象。大象有智慧到令人不安。[10]我說不安是因為牠們的心靈世界比我們許多人以為的還要接近我們。牠們不只能認得象群裡個別的大象（許多動物可以做到這一點），還能夠記得牠們。一位研究者回放象群中剛死亡的年長母象聲音，有些較年輕的大象表現得好像在哀悼一樣。這代表牠們能意識到死亡嗎？或者至少會思念老的大象，覺得牠在別的地方？

## 有同理心的老鼠？

我不知道科學家如何回答關於大象的那些問題。但有一群科學家準備好要告訴我們老鼠有同理心。[11]我來說個明白吧。

要顯示老鼠表現出不舒服的徵兆很容易。看到另一隻老鼠疼痛時，牠會扭動、翻滾作為回應——這是科學家論證的第一件事。他們將兩隻老鼠放在不同的塑膠容器中，這兩個容器大小只夠牠們移動，沒辦法讓牠們轉身。然後科學家用針筒戳其中一隻老鼠以刺激牠，針筒裡裝的是稀釋後的醋酸溶液。當然，科學家必須發明方法測量老鼠扭動的程度。其他利用其他動物物種研究的研究者則使用標準化方式，量化動物不舒服時皺眉的程度。他們說這是痛苦表情量表[12]，研究老鼠的人也採用類似方法。

為了回應看到一隻老鼠扭動，另一隻老鼠往往也會扭動或翻滾。（甚至連你使用的詞都會顯示出你是否認為老鼠會經歷痛苦的潛在偏見。）科學家知道視覺誘發扭動的反應，因為他們使用不透明的塑膠筒時，老鼠看不到彼此，就不會產生反應，至少不會超過一般老鼠在塑膠筒中本來就常會有的扭動幅度。

科學家知道視力是老鼠溝通的方法，因為耳聾的老鼠或聞不到味道的老鼠仍然可以回應其他老鼠的痛苦。

但就因為一隻老鼠看到另一隻痛苦的老鼠而扭動身體，並不代表牠有同理心。牠可能只是感到恐懼，擔心同樣的事情會發生在自己身上，這並不需要很大的大腦就可以辦到。你要如何區別同理心和恐懼？

假如老鼠會形成具有同理心的關係，牠們最可能和養在同一個籠子裡的其他老鼠發展出這樣的關係。同樣的塑膠盒上面鋪著木屑，裡面還有水壺，這就是實驗室老鼠的整個世界了。你無法在沒有同理心能力的老鼠中製造出同理心，你也無法消除有能力的老鼠的同理心。但你可以合理預期養在同一個籠子裡的老鼠（籠友）會對彼此有**較多**同理心。

科學家執行扭動測驗時，發現比起觀看「陌生老鼠」被戳、受到刺激，老鼠顯然更容易在看到籠友被如此對待時以扭動作為回應。但並不是說看到籠友遭受這種待遇一定會扭動，看到陌生老鼠就不會。然而，牠們扭動的程度的確有顯著差異。科學家的結論是老鼠可以發展出同理心，或許不是對其他老鼠一視同仁，而是對生長在同一個籠子裡的老鼠會這樣。

利他主義（會在之後章節更完整討論）是你的作為，同理心是你的感覺，而同理心會強化利他的行為。假如具同理心的能力是人格的指標，那老鼠至少相距不遠了。我懷疑所有群居的哺乳動物都能感覺到同理心。狗當然可以，牠們甚至會對人感覺到同理心，就像人也會對狗有同理心一樣。但貓呢？相較於狗和人類，貓比較獨來獨往。但據我觀察，牠們的同理心至少和老鼠差不多。同窩出生的貓遭受傷害時，牠們可能會非常生氣難過。我認為這總有方法可以以某種實驗測試。但你曾試著要把貓放進塑膠筒裡嗎？

## 告訴我為什麼

科學家抗拒媒介的偏見。他們不滿意回答每個問題的答案都是「上帝的傑作」。這就是為什麼許多科學家對那首老歌〈告訴我為什麼〉（Tell Me Why）覺得不舒服。

告訴我為什麼星星會閃爍
告訴我為什麼常春藤會纏繞在一起
告訴我為什麼天空如此湛藍。
然後我就會告訴你為什麼我愛你。

科學家很容易受到誘惑而說出「星星閃爍是因為 $E=mc^2$ 這個公式描述的熱核反應！常春藤會纏繞在一起是因為莖的一邊接觸到物體時，伸展的程度就會小於另一邊，這種過程稱為（我不是憑空捏造的）向觸性（thigmotropism）！天空是藍色的是因為大氣中分子造成光子的瑞利散射（Rayleigh scattering）！」[13]然而，那首歌只說這些事全部都是上帝做的。因為上帝創造了你，所以我愛你。

但更深層來說，究竟這世界為什麼會存在？為什麼有星星、常春藤和天空？許多有信仰的科學家用「為什麼所有事物都存在而不是不存在？」的問題搪塞過去。對他們來說，上帝是一切存在最終的根基。關於這點，科學完全無話可說。

**自己動手做**

找出一個動物智慧的例子，例如知更鳥會在你割完草之後尋找昆蟲。然後將其解釋為一種動物的單純反應，而不是有原因的反應。

# 第十一章　測量你認為正在測量的事物

科學研究一再出現的問題之一，就是我們如何知道我們在測量的事物，真的是我們認為我們正在測量的事物？如前面所提，這指的是科學研究的**效度**（validity）。一項科學研究的效度就是該研究的說法和意圖一致。我之前有稍微提到這個概念，現在該是更仔細檢視的時候了。

## 建構效度

最重要的效度類型之一就是**建構效度**（construct validity）。你測量的變數忠實代表你想要了解的概念嗎？你**建構**的測量方法，是否真正告訴你你想知道的事物？

這可能是和氣溫一樣簡單的事。我們可能會想，要測量氣溫只要把溫度器放在外面就好。較熱的空氣會讓溫度計中的液體膨脹，進而導致小毛細管中的液面上升。還能更簡單嗎？但假如陽光照在溫度計上，溫度計就會吸收光，變得比空氣熱，如此一來溫度計就不再是測量氣溫。你可以換個方式，把溫度計放在盒子裡。但假如盒子是深色，就會吸收陽光，讓盒子裡的空氣變熱，如此一來你就不再是測量盒子外面的氣溫。要以有效的方式設量溫度，溫度計應該放在白色而且打開的盒子裡，這就是為什麼氣象學家把他們的溫度計放在通風的白色盒子裡。我確定你在氣象台看過這些盒子。白盒子上面常有小的旋轉杯組（風速計）測量風速。

從溫度計得出的測量結果是客觀的，代表這不會受到觀察者影響。但根據觀察者感覺的主觀測量結果有時候也有用。像「外面冷嗎？」這樣簡單的問題為了對你產生用處（幫助你決定是否要穿外套），就取決於大量的客觀測量結果：氣溫、風速、體熱產生量等。如果你身體的核心溫度偏低，整個身體在那樣的氣溫下就會覺得冷，否則你會覺得溫暖。但如果你走到室外決定「冷不冷」，你的大腦實際上就在執行一種複雜的潛意識計算，將這些所有因素納入考量。這種主觀的測量結果可能比任何促成因素更具有建構效度，能幫助你決定是否要穿外套。

外面是否會覺得冷甚至可能取決於你有沒有在喝酒。酒精會造成皮膚上動脈附近的小肌肉放鬆，讓更多血液流進皮膚。這會讓你的皮膚變熱，皮膚上的熱感受器會告訴你的大腦你變熱了。但代價是這會喪失你身體核心的熱。在你覺得冷的時候喝酒實際上是很糟糕的主意。因此，主觀測量也可能比客觀測量多或少一些建構效度。

建構效度可能受到像如何測量毒性這樣概念簡單的事物挑戰。如果我們說某一種化學物質有毒是什麼意思呢？有多毒？我們必須測量化學物質對我們有興趣的有機體類型產生哪些影響。假如我們有興趣的是對人類造成的毒性，我們通常會測量化學物質對老鼠的影響，牠們在生理學上與我們類似。但要對大量老鼠進行實驗耗時又耗資金。科學家可能選擇對一種簡單的動物進行初步的毒性研究，而這種動物可以大量繁殖（有時候會使用小型的水生無脊椎動物），之後才對數量較少的老鼠進行研究。[1]

最重要的科學研究處理了難以測量的變數。人類健康就是一個完美的例子。什麼是健康？我們對健康都有一個大致的印象，但沒有任何叫健康測量器的東西，也沒有任何公制單位可以衡量健康。我們必須以一些可測量的數據用於這個普遍的概念。

## 建構效度和健康

在植物和昆蟲的研究中，你可以有效假設如果牠們比較重，就較健康。這是因為就我所知，植物和昆蟲從來不會過重。

首先想一想植物。在我對植物的研究中，一般都假設物種中最大的植物最健康。（當然將小草和大樹相比並不公平。）但即使比較同一物種內的植物重量也不是必然有效。有一位叫做艾卡德．高盧（Eckard Gauhl）的植物學家研究了同一物種中，他認為耐陽性和適陰性的植物。[2]也就是說，自然淘汰製造出這種物種中的兩組植物：在陽光下生長較佳的和在陰影中生長較佳的植物。他指出耐陽性的植物在陽光下比在陰影中長得好，而適陰性的植物在陽光下生長時看起來會像生病一樣。從表面上來看，這很有道理。你很清楚如果你把你的非洲堇曝曬在豔陽下，它們會變褐色，然後枯萎。但結果高盧的「適陰性植物」受到病毒感染，「耐陽性植物」則沒有。他的「適陰性植物」在陰影下比在陽光下長得好並不是因為它們具有適陰性的生理，而是因為大太陽的條件會暴露病毒造成的疾病。重量是衡量健康的有效方式，但並不是高盧假設的那種健康。他在其他植物學家發現他的錯誤之前就已經過世了。[3]

我做了一項研究，秤了菸草天蛾的重量，藉此測量了不同種類樹葉的毒性。[4] 菸草天蛾是一種毛蟲（屬於兩個關係密切的物種），會吃番茄、菸草甚至有毒曼陀羅植物的葉子。牠們是園丁的眼中釘，你可能看過。牠們像手指一樣大，有綠色的外表，以及有黑白條紋和尖頭的紅尾巴，看起來就像生日蠟燭，尾端有紅色的芯。後來發現可以在小樹脂玻璃瓶裡養菸草天蛾，然後餵牠們吃特製的菸草天蛾食物。也就是說，牠們不需要吃番茄或菸草的葉子。在玻璃瓶中，小的菸草天蛾會長大，吃光食物。你必須要做的就是偶爾把排泄物舀出來。牠們長大你就可以秤重。為了要秤重，你要清洗、晾乾牠們，然後把牠們放在天秤上，在牠們爬走之前記下重量。這表示說就算牠們啃你的手指（牠們無法真的咬穿你的皮膚），你也必須小心對待牠們。我把你嚇壞了嗎？如果沒有，或許你可以成為科學家。

所以，在我其中一個實驗中，我希望比較兩種不同植物來源原料的毒性。這些並不是菸草天蛾平常會吃的食物，但如果你碾碎混在牠們的食物中，牠們還是會吃掉。我發現毒性較強的植物原料會讓菸草天蛾長得較慢，最後的體重也較輕，而且也會讓牠們從亮綠色變成不健康的藍色。越重的菸草天蛾越健康。

但你不能假設越重的哺乳類動物就比較健康。健康的人的體重會在最佳範圍之內，不會太重，也不會太輕。若體重要對人類有建構效度，就必須落入那個範圍之內。我們將最佳範圍用於許多不同種類的健康測量中：血糖水準、血壓、白血球數、視覺靈敏度等。並沒有一個單一的最佳測量結果，只有一個範圍，這還包含了正常人口的變化性。

## 建構效度和經濟

測量經濟的健康狀況並非像利用重量測量老鼠或人類健康般有效，但我們一般要測量經濟的健康狀況，會先測量經濟的總額，也就是名稱恰到好處的國內生產總值（gross domestic product, GDP）。但龐大的GDP（就像和其密切相關的國民生產總值〔gross national product, GNP〕）並不必然代表健康的經濟，只能代表這是龐大的經濟。大型經濟體如美國，這個國家消耗許多資源，超出地球所能持續製造的數量，同時也會製造許多廢棄物，這樣的經濟不一定健康。假如有很多生病的人抽菸且支付大筆醫藥費，或者讓其他人幫他們付帳單，對GDP的貢獻會比很多健康的人不去醫院，也不買菸來得大；留在家煮自己的健康餐點，比外出吃不健康的大餐的人對GDP貢獻少；在家喝冰茶比在速食店喝糖漿飲料對GDP貢獻也少。誠如經濟學家保羅．霍肯（Paul Hawken）所言：「我們的經濟竊取了未來，在現在賣出，然後說這是GDP。」[5]我認為GDP並不是測量經濟健康的有效方法。另一位作家就說，GNP不能拿來吃。[6]

另一種衡量經濟健康的標準是國民財富分配平均程度，而非財富總額。在日本，一般大企業的執行長收入是企業一般員工的六十七倍。法國是一百零四倍，德國是一百四十七倍，美國則是三百五十四倍。[7]那些拒絕承認GDP建構效度的人堅稱這是一個問題。我們擁有大量財富，但分配極度不均顯示我們的經濟並不健康。吉尼係數測量了所得平均度，估計數據數值與平均值差距，數值為零代表分配完全不均，數值為一則是樣本或一個社會中所有人完全平等。[8]財富分配平均度並不是大多數經濟學家對一個國家唯一想了解的事，但他們也不應該只對經濟的總額感興趣。

道瓊工業平均指數（Dow Jones Industrial Average, DIJA）是更有效的經濟指標，但這並不是測量實際的經濟健康狀況，而是測量大眾對經濟的感覺。這是分等級的股價平均。平均股價增加一元大約會造成DJIA上漲七點。「道瓊指數」高代表大家投資更多錢在股市，也就是他們有錢也有信心。如果大家**感覺**不能夠信任他們原本想投資的公司，道瓊指數就會下降。的確，道瓊指數是一個主觀的測量方式，但我們可能會想了解這種主觀性。這並沒有證明一個經濟體實際上很健康，只是證明大家如此認為。當然，這可能反映出前聯邦儲備局主席艾倫·葛林斯潘（Alan Greenspan）所說的「非理性繁榮」。[9]

政治人物常會用失業率作為經濟健康的指標。你幾乎每天都在新聞上聽到，但這受到大範圍的操弄。失業減少時，政治人物會邀功，聲稱自己創造了工作機會。但失業率一增加，同樣一批政治人物就會說這是越來越多人找工作的結果，因為失業統計並未計入那些「退出勞動力」的人。一項測量可以任你隨意解釋，這多好用啊？

當然還有其他經濟健康的測量方法比GDP效度更低。例如北韓政府似乎仍使用兵工廠中的飛彈數目測量經濟健，儘管人民快餓死了。[10]

或許我們需要新的方式測量和經濟總額非直接相關的社會健康。一九七二年，不丹的新國王吉格梅·辛格·旺楚克（Jigme Singye Wangchuck）打開了之前幾乎完全與世界其他地方商業貿易隔絕的王國大門（這裡可能是香格里拉的靈感來源），但他拒絕承認GDP能有效測量他國家的成功。他轉而提出GNH，也就是國民幸福指數（gross national happiness）。不丹或許是全世界GDP最低的國家之一，但這位國王說那裡一定是一個居住的好地方。（憤世嫉俗的人會說他可能也希望用GNH說服國民應該要快樂，不造成任何社會混亂）。一開始GNH是非常模糊的典型佛教概念，甚至連佛教徒科學家也承認這一點。但經年累月下來，概念已經過修正。舉例而言，二〇〇六年國際專業管理學會（International Institute of Management）提出了新的GNH版本。[11] 其中使用了各種調查和社會數據測量以下事物：

- **經濟福祉**：低消費者債務及每個人都有足夠收入購買所需物品等。

- **環境福祉**：免於汙染、噪音及交通問題的自由等。
- **身體福祉**：如嚴重疾病少等。
- **心靈福祉**：如使用抗憂鬱藥物的情況少等。
- **職場福祉**：低失業率、訴訟少等。
- **社會福祉**：低離婚率及犯罪率等。
- **政治福祉**：如地方民主發揮功能性等。

要注意這些幾乎都可以客觀測量，但也可以藉由調查主觀測量，顯示大眾的感覺。我知道你對每一項都會有意見，例如低離婚率可能代表女性受到壓迫，而抗憂鬱藥物使用少可能表示藥物短缺。但GNH正逐漸成為更有效的方式，測量一個社會是否為理想的居住環境，這是GDP從未達到且永難企及的目標。

許多法國人認為我們美國人瘋了，這主要是因為我們有大量武器。有些人想像美國一定像舊西部一樣，每個人隨身帶著六發手槍。但他們可以用哪一種具有建構效度的測量方式證明他們的印象正確？測量方法不只一種，但一家法國報社的記者使用了三個數字證明了他的觀點：美國與槍枝相關死亡數字高（幾乎一天一件）、百分之七十八的美國人沒有槍枝，但百分之三的美國人擁有全部槍枝數目的一半。他的資料中，大規模槍擊事件定義為單一槍手在單一事件中造成四人以上死亡或受傷。[12]這三個數字加在一起的建構效度比任何一個分開要來得高。

## 建構假效度

谷歌搜尋排名是常用的測量方式，但其建構效度可能有問題。一開始，我很高興搜尋某個常見主題時，看到我的部落格出現在搜尋結果的第二頁。接著我發現谷歌很可能會將最近使用的網站分數加權。當然，我必須常上我自己的部落格才能張貼文章，所以我的興奮之情稍縱即逝。

另一個建構效度可疑的例子是狗的吠叫聲。許多人養狗保護他們的家。狗可能對任何東西都會吠叫，不只是入侵者而已，而且可能一直叫到一開始的刺激消失為止。這對警告人出現罪犯並不是非常有用的資訊。但要是狗不叫呢？假如犯罪事件發生但狗沒有叫，這可能代表狗熟悉這個罪犯。因此，狗沒有叫對辨識罪犯來說具有一些建構效度。這是著名的福爾摩斯探案〈銀斑駒〉（The Adventure of Silver Blaze）的故事基礎。

一般而言，越複雜的指數會包含越多種測量方式，其建構效度也越有風險。雜誌和網站常刊登最適合居住和最不適合居住的城市名單。這些名單甚至很少有意見相近的時候。舉例來說，一個網站最近列出了全美十大最差城市，把奧克拉荷馬的土爾沙放在第一。我住在土爾沙，這裡是有問題，但這排名嚇到我了。同時間另一個網站把底特律列為最差城市。排名完全取決於數據來源和相關加權。由於這種排名具主觀性，所以實際上作為一般指標毫無價值可言。考慮要去哪裡居住時，或許可以做的最佳選擇就是自己決定那些是最重要的條件，然後搜尋關於那些條件的數據。假如你想住在謀殺案最少的城市，就離巴爾的摩遠一點。[13]如果你不喜歡貧窮率高的城市，就絕對不要選擇德州的布朗斯維（Brownsville）。[14]如果你不喜歡空氣汙染，就應該排除加州的維沙利亞（Visalia）[15]而非紐約市。這些並不是綜合測量，這些你關切的測量具有建構效度。

或許你能想像到，建構效度最差的數據來源是嚴刑逼供下的證詞。歷史上，一直用刑求來從俘虜口中獲取資訊。美國宣稱並未使用刑求，但這相當程度取決於對這個字的定義。小布希政府為使用強化偵訊手段（enhanced interrogation techniques）辯護。[16]先不管人道考量，這種方式有什麼建構效度呢？我知道假如我被刑求，我什麼都會承認，甚至會承認自己是外星人。二〇一四年，中情局承認之前使用刑求而取得對國家安全有用的資訊寥寥無幾[17]。二〇一七年，川普總統扭轉了美國政府近來避免使用刑求的趨勢，並宣稱「刑求有效」。[18]

## 外部效度

我會簡短提一下另一種效度。如果從樣本中取得的測量結果可以類推，擴大到外界或外部族群，就是具有**外部效度**的測量方法。回想一下，我之前提到樣本必須能有效代表一個族群，結論只在樣本的範圍內有效，這就是最明顯的外部效度例子。

舉我和我的同事艾莉卡・科貝特（Erica Corbett）做的研究為例。[19]我們希望知道奧克拉荷馬中南部星毛櫟樹的葉子出現的蟲害程度，如果可能的話，也希望能解釋任何我們看到的模式。我們需要獲得外部效力盡可能高的樣本。我們摘取了十二棵樹上的葉子，因為一兩棵樹肯定無法代表全體。從五月到九月，我們夏天每個月都去摘樹葉，因為蟲害可能在某個時間比其他時間嚴重。我們摘這些樹的葉子摘了五年，因為每年可能都不一樣。事實上，我們的樣本有些來自旱年，有些來自雨水適中的一年，有些來自洪水成災的一年。我們蒐集了兩千五百七十四片樹葉。那很耗功夫，但沒有做到這樣可能就無法類推超過一棵樹或一年的範圍。

一個年輕科學家最近挑戰了他的資深同事，要他們重新檢視動物神經系統研究的外部效度。他指出近期神經科學論文絕大多數以老鼠和人類為主。[20]他說他只是想了解為什麼研究的物種範圍如此有限。或許有點誇張，但他把自己比喻為安徒生童話〈國王的新衣〉裡的男孩。過去，科學家指出神經科學家從研究烏賊（有極厚的神經纖維）、青蛙和鱟獲得重要洞見。或許今天我們限制了我們的外部效度，因此錯失了一些重要的發現。再者，許多心理學研究對象是大學生。這是因為許多心理學研究者在大學教書，他們可以支付微薄薪資招募學生參加測驗，或者他們只給這些學生加分。但由於大學生無法完全代表整個社會，這些研究的外部效度也受到限制。

保證外部效度的問題最顯著的例子之一，就是全球暖化或全球氣候變遷的科學。

氣候並不是天氣，而是長期的天氣平均。所以你不能只是把頭伸出窗外，就知道全球暖化是否發生。拒絕承認全球暖化的政治人物，例如奧克拉荷馬的參議員吉姆．殷荷菲（Jim Inhofe）[21]就在冬天把頭伸出窗外。他注意到天氣很冷，然後想：**現在哪裡有全球暖化？**（這個問題有兩個答案。首先，暖化發生在別的地方。北美在二〇一四年初度過一個寒冷的冬天，此時澳洲夏天熱度極高，連網球選手的鞋子都熔化在球場上。[22]第二，暖化此時已暫時結束，但之後還會再發生。）同理，環保人士也可能在夏天把頭伸出窗外，然後說：「真熱！這一定是全球暖化！」說一個炎熱的夏日證明了全球暖化，就像說一個寒冷的冬日反證沒有全球暖化一樣無效。

為了驗證全球暖化的假設，你必須知道全球平均溫度。這不是很容易估計的事，你必須有一組具全球代表性的溫度測量結果。我們有歐洲和北美十九世紀前的溫度計讀數（例如大陸會議〔Continental Congress〕召開時，湯瑪斯．傑佛遜〔Thomas Jefferson〕在獨立紀念館〔Independence Hall〕就有新式的溫度計），可是我們沒有非洲、亞洲、南美洲、北極地區或南極地區那時的讀數。但從十九世紀中開始，英國和美國在全世界的軍艦就開始記錄每天的溫度。最後，這種涵蓋全球的測量結果使全球溫度的估計值更具有外部效度。這就是為什麼一般的全球溫度圖時間軸開始於一八五〇年後。[23]更早之前的溫度可以使用年輪和冰層這種「代理」測量方式估計，但這些方式都不如實際的溫度計讀數準確。

但即使是全世界海軍測量出的溫度，也不能完全滿足外部效度的需求。的確，從北極和南極研究的一開始，科學家就一直測量那些地區的溫度。但因為一些可理解的原因，從北極和南極取得的溫度讀數數量都比人煙較稠密的地方來得少。這造成偏向溫帶和熱帶地區的偏見。這種偏見往往會低估而非高估已出現的全球暖化程度。數量更少的是深海溫度的測量結果，這造成偏向陸地和海洋表面的偏見。科學家困惑的點是，雖然大氣層中二氧化碳濃度持續增加，全球暖化似乎在約一九八〇年後和緩下來，之後才又重新快速惡化[24]。結果一九八〇年起，北極地區就迅速變暖，深海海域也是。所以地球持續暖化，但北極地區和深海地區比溫帶和熱帶地區嚴重。北極和深海的溫度代表性不足是外部效度的問題，造成研究全球暖化的科學一片混亂。

## 結論

我們可以說科學的過程只是形式化的方法，設法考慮到所有在研究中可能出錯的事物，例如偏見和無效性，然後再設法修正。科學家思考到他們的測量結果可能無效時，會花很多時間無所事事，或者健行，或者喝酒。他們準備投注大把時間、金錢，加入很多情感在這些測量上。而且就像可憐的高盧這個例子告訴我們的，事實可能會太晚出現。

## 自己動手做

想一件對你重要的事，例如你個人的經濟或健康，然後評估你用來判斷的資訊效度。

# 第十二章　唉呀，我那時還沒想到

有時候儘管我們盡了全力，事情走向仍未如我們預期，這可能完全破壞科學結論的信度。我就來提出少少幾個例子。

**磨耗效應**（attrition effect）。實驗進行下去，無論是對植物或人來說，一定會造成一些磨耗。有些植物會死掉，有些人則會退出研究。小型植物的死亡或較欠缺動力、能力較差人員的離開會提升剩餘部分的平均水準。想像一下一個教課的教授。他可能在課程一開始考試（前測），然後在課程尾聲給予同樣的考試（後測）。事實上這是一個標準程序。假如平均後測成績高於前測，他就可以得出完全合理的結論，認為學生從他的課有學到東西。但這也很可能代表沒有辦法應付課程的同學退選而已。最後留下的同學可能實際上並未學到東西，他們可能只是堅持到底而已。為了評估學生是否真的學到東西，退選的人應該被排除在前測和後測的平均分數外。你曾經誤把堅持當作進步嗎？我有這樣的經驗。

**順序效應**（sequence effect）。假設你希望評定學生數學和文字能力，然後你給他們一份數學測驗和閱讀測驗。他們先拿到的測驗得到的結果都會較佳。第二個測驗時他們會覺得無聊或疲倦。除非第一個測驗是在早上八點，那這樣他們可能兩個測驗都會搞砸。解決方式很單純也很明顯：半數同學先給數學測驗，另外半數先給閱讀測驗。這並不一定能幫助你**評估**個別學生，但幫助你**評定**學生整體，因為你可以求出順序效應的平均數。我也有這樣的經驗。

**歷史效應**（history effect）。實驗中每種植物、動物或人的表現取決於其歷史、過去所到之處及遭遇。因為他（牠、它）們有這樣的經驗。你研究的任何一群人中，都會有年長者（可能生命經驗較豐富）和年幼者，還有不同教育程度的人。我課堂上的學生有些不知道尺怎麼用（我沒騙你），有些人則很驚訝我的實驗室設備很陽春。歷史效應是科學家無法在實驗中將老鼠重複使用的原因。第一個實驗中使用的藥物用到第二個可能會有痕跡效應。所以每個實驗中，藥物研究者都必須放棄使用過的老鼠，而改用新的一批。我們就先說到這裡。我有那樣的經驗。

**動機效應**（motivation effect）。這最常用於人類和其他動物身上。老鼠要走出迷宮的話，牠必須先**想要**走出迷宮。我們進行學生評量時會一直碰到這個問題。我們必須個別評量（計算成績）並集體評估（表現給行政單位看我們的學生花錢學到了東西）他們的技巧。你可能會問這有什麼問題：他們想得到好成績，當然就會嘗試在測驗上有好表現。但我們給他們的評量測驗並不會完全符合我們的課程。這是因為全國及不同類型課程的評量測驗都已標準化。這增加了測驗的外部效度。儘管評量測驗並不是完美的評估工具，我們還是繼續使用，並將前測計入學生成績中，要不然他們考試時就會在答案紙上寫「ABCDEABCDEABCDE」，然後離場（我看過這種事情發生）。當然，即使可能獲得好成績（或是威脅他們會拿到爛成績）可能也不足以激勵學生，他們太年輕，立即的獎賞和懲罰他們才會覺得有感。就算拿到滿江紅的成績單可能跟著他們一輩子，似乎對他們來說還太遙遠。

**驚訝因素**（surprise factors）。正當我們以為已經考慮到一切該考慮的事，某些驚訝因素就會出現，最好的狀況是導致研究中的隨機誤差，最糟的就是帶來偏見。二〇一四年，科學家論證實驗中的囓齒動物由男性研究者處理時會感到壓力。[1]他們最後發現這種效應是因為男性研究者製造出的某種味道，即使味道只是留在老鼠籠子裡的木屑鋪面，效應還是會出現。我們可以說在這種研究之前，沒有人會猜測到會這樣。避免這種誤差唯一的方式就是設法將所有因素分配到所有的實驗組。舉例而言，你不會希望讓女性研究者處理一個實驗組中所有的老鼠，而男性研究者處理另一個實驗組中所有的老鼠。如果兩位研究者都處理了兩個實驗組中的老鼠，性別—味道的效應就會均衡，很可能對研究結果不會造成任何淨效應。

往往只要簡單修正研究設計，我們就可以避免這些磨耗、順序、歷史、動機及驚訝因素的效應。有時並不是這樣，但至少我們不應該容許這些效應讓我們措手不及。

另外還有我之前提過的福爾摩斯效應，大家會預設自己內心已經考慮到所有可能的選項。這個錯誤幾乎是所有創世論的基礎，和創世論相近但較溫和的智慧設計論也是以此為根據。兩者基本論述大致上可以這樣總結：「看看這個非常複雜的系統！我沒辦法想像這怎麼可能演化，所以這不會演化。」演化科學家理查・道金斯（Richard Dawkins）稱此為「個人懷疑的論述」。[2]

智慧設計論的創始文件之一是麥可・貝恩（Michael Behe）的《達爾文的黑盒子》（*Darwin's Black Box*），其中就犯了很多這類的錯誤。[3]貝恩的主要論述是——自然世界展現了許多**不可化約的複雜性**（irreducible complexity）的例子，而且處處可見。不可化約的複雜性中，甚至拿掉一個部分就會造成整個系統瓦解。他選擇他的其中一個例子來說明對於複雜性的觀點：有一個由五個部分組成的捕鼠器，拿掉任何一個部分捕鼠器就沒辦法使用。但他無法或不願意考慮的是，確實存在更簡易的捕鼠器。有人甚至設計了只有單一零件的捕鼠器。[4]當然還有其他更簡易的方式可以和有槌子的機械捕鼠器達到同樣效果，例如黏捕器。的確，設計為利用到五個部分的捕鼠器拿掉一個部分就沒有用，但確實可能有更簡易的設計。

貝恩的另一個例子是構造複雜的動物中可以找到的凝血系統。凝血系統牽涉到一系列的蛋白質，一個接著另一個發揮作用，只要移除任何一個蛋白質，整個系統就會失靈，罹患血友病就會發生這種狀況。貝恩無法想像那些蛋白質如何演化，也無法想像有更簡單的系統。但事實上，不同動物有不同系統，而在許多動物中的血塊形成會比人類簡單。而且許多蛋白質只是絲胺酸蛋白酶修正後的複本，凝結的蛋白質並不是每種都需要從頭開始設計。

反演化的論述不算新鮮。舉例而言，脊椎動物的眼睛很複雜，達爾文自己承認他無法想像這如何演化。[5] 一百五十年來，創世論者一直滿心歡喜地提到這個問題。他們說，一隻眼睛的一半有什麼用？答案很簡單。有一半效率的眼睛可能像整隻眼睛一半有用，只有我們眼睛百分之一效率的眼睛還是比完全沒眼睛有用許多。視力不完美勝過眼盲。就像古老的諺語說的：「盲人的國度裡，獨眼龍就能稱王。」道金斯對於這一點進行了一個很好玩的觀察。[6] 他說某個很少擦眼鏡的同事視力還是比一片模糊好一點。

事實上，要怎麼證明比我們構造簡單的眼睛實際上能發揮功能呢？最直接的方式就是在自然世界中找到這樣的眼睛，也就是自然淘汰「設計」的眼睛。有些水生動物有簡單的「眼斑」（eyespot），只能感覺到有沒有光。這種眼斑除了讓動物知道有陰影經過頭上之外，幾乎別無用處。但假如那片陰影恰好屬於掠食性動物，這可能就是有用的資訊。由於光會來自頭上，所以有些單細胞有機體有眼斑讓牠們知道方向。有些動物的眼睛像照相機的光圈，比用肌肉控制的洞功能多不了多少，而且沒有透鏡，但這讓模糊的影像足以成形。最好的眼睛擁有透鏡，會將光聚焦，但透鏡眼睛極其複雜。達爾文在《物種起源》（*The Origin of Species*）舉了這些例子，但創世論者一百五十年來卻刻意忽略。

我們都很容易受到這種思維影響。以我為例，我發現自己無法相信宇宙數目無窮無盡的理論。我的懷疑態度完全是感情用事，我的心靈就是難以想像。但要是我和無限宇宙論的提倡者，例如英國天文學家馬丁．里斯男爵（Royal Sir Martin Rees）討論我的感覺，他一定會問我：「你不了解『無限』的哪一個部分？」

**自己動手做**

在你的研究中找出順序效應、動機效應等的例子。

# 第十三章 每個人都有偏見，除了我以外

科學家聲望最重要的來源之一，就是大家認為我們的研究沒有偏見。這也是我們的說法比那些政治人物更具分量的原因，這不只是因為我們比較不可能說謊（參見下一章），也是因為我們盡力去排除偏見。政治人物承認這一點。即使每個政治人物都自吹自擂，說自己誠實到無懈可擊，但他們也會嘲弄其他人。因此，政治人物有時會設立「超乎黨派」的組織，提供他們不帶偏見的研究摘要，以了解重要問題。

其中一個重要的例子就是國會研究處（Congressional Research Service, CRS）[1]，這是國會圖書館的分支。舉例而言，要是國會想知道二〇一二年時增加美國最富有的人稅收是否會危害經濟，他們就會去找國會研究處。國會研究處產出的報告、得出的結論認為對富有的人稍微提高稅收不會傷害經濟。（當然他們必須注意用來測量對經濟傷害的方法是否有建構效度。）國會如何使用這項資訊就看他們自己了。報告剛出來時，國會的共和黨領導者選擇把報告壓下。[2]

為了避免我聽起來像將偏見貶抑為道德上的瑕疵，或許為保守派人士專有，讓我澄清一下。人類一定有偏見，所有人都是這樣，必然如此。

科學家和牧師最重要的差別之一，就是科學家**意識到**自己有偏見，會**採取主動方式**避免偏見。牧師則可能會說：「上帝對我的心說，我們必須募款，這樣我才能擁有一架私人噴射機。」但科學家可能會覺得有義務提供你他說法的證據，讓你可以獨立驗證。就像我在本書前言所說的，科學會利用外部資訊驗證假設。

科學大多是一種有條理的方式，用來辨識並排除偏見。如同我之前所說，科學是一門學科。科學就像牛軛，讓公牛拉著人類知識的車子往前進。公牛常會左右到處亂走，但牛軛可以阻止牠們隨著自己的偏見亂走。

即使實驗者本身沒有偏見，測量技巧本身也可能帶來偏見。許多關於鳥類遷徙的資料集來自於週末的賞鳥愛好者，實在是沒有足夠的專職賞鳥愛好者提供所有需要的資料。但思考一下，如果全天候和專職的賞鳥愛好者都記錄下候鳥抵達的時間（例如他們在奧克拉荷馬南方看到第一隻剪尾王霸鶲的日期），週末賞鳥愛好者的日期會較晚。如果候鳥像大多數鳥類一樣在週二抵達，專職的賞鳥者會記下週二的日期，但週末的賞鳥者會記下的日期則是下一個週六。

## 受試者偏見

**受試者偏見**（participant bias）影響了實驗中受試者所提供資訊的信度。舉壓力為例，如何發現受試者正經歷生理上的壓力呢？你可以問受試者是否感覺有壓力，但這會很主觀且具有偏見。舉例而言，受試者可能相信自己不應該對某件事感到壓力，所以他說出的壓力程度可能比實際上感受的要低。科學家希望測量結果都是沒有偏見的。科學家可能會測量受試者唾液中皮質醇的數量，皮質醇是一種壓力荷爾蒙。含量高代表出現壓力。皮質醇不會說謊，也不會以帶有偏見的方式表現出來。

人類生病或別人把他們當病人看，他們會感覺會比較舒服。過去（甚至對今日信仰療法的治療師和驅魔師來說）這代表有人為你祈禱、祝福你或把惡魔從你身上趕出去。這大多都是偏見，因為這些作法造成大腦釋放讓我們感覺比較舒服的化學物質。舉例而言，運動（或者是刺激的儀式，例如驅魔或走火路）會讓大腦釋放腦內啡，讓我們覺得比較舒服，甚至較不容易感到疼痛。

這些大腦和荷爾蒙的過程也並非完全沒有醫療效果。皮質醇抑制了免疫系統，這是壓力可能讓你感冒或得流感風險增加的其中一種方式。壓力也可能讓你疏於維持健康。因此，減少壓力會讓你更健康。

幾百年來，人類吃藥後會覺得比較舒服，無論吃的是薩滿巫師的春藥或現代的藥丸、針劑都是這樣。這種效果很強烈，人類吃了中性物質但相信這是「真的」藥物時，半數時間都會感覺較舒服。中性物質可能是看起來像「真的」藥丸的糖果藥丸。[3]中性的藥丸稱為**安慰劑**，它對我們心靈的影響稱為**安慰劑效應**（placebo effect）。

安慰劑效果的反面稱為**反安慰劑效應**（nocebo effect）。在這個例子中，病患說即使他們獲得安慰劑，仍受到煩人的副作用之苦，而未獲得藥物的療效。[4]

處理安慰劑效應已成為醫學研究主要挑戰。測試新藥物時，藥物研究者顯然不能讓受試者知道拿到的是真的藥物還是安慰劑。藥物只有在對人的功效**超過**安慰劑的心理效果時，才可視為有效。但人類並不笨，往往吃到糖果藥丸時就能辨認出來。他們知道大多數藥物味道很苦，假如藥丸味道不苦，他們就知道這可能是安慰劑，甚至可能因為知道藥丸不是真的藥物而覺得更不舒服。味道苦的藥物則會讓他們感覺較好。[5] 在受試者不知道是否拿到安慰劑的情況下使用安慰劑稱為「盲測」實驗。

造成受試者偏見的不只是藥丸的外表或味道。藥物研究者都知道，昂貴的安慰劑會比便宜的安慰劑讓人感覺舒服。實驗中的受試者認為如果這樣東西很貴，一定是真的藥。[6]

有時偏見是由看起來無可避免的實驗限制造成。舉例來說，在藥物測試中，研究者只能相信受試者會服用給他們的藥丸。研究者無法要求他們一定得這樣做。有可能某些受試者沒有服用藥丸的唯一效應就是減少了樣本大小。這不會帶來偏見的問題。但假設其中一組比較粗心好了，舉例來說，拿到真的藥物的病患覺得比較舒服而一直要藥丸，而拿到安慰劑的病患不再拿取似乎無效的藥丸。這樣就會造成偏見。目前已提出的解決方式就是藥廠在每顆藥丸中插入微晶片。微晶片可以追蹤：這留在罐子裡，還是透過病患排泄，進入生態系統中。這項資訊至少會警告研究者哪些病患沒有服用實驗藥物。[7]

此外，有些人對安慰劑的反應比其他人大，就像有些人比其他人容易催眠。或許他們較容易受他人建議及自我欺騙影響。另一方面，有些人對安慰劑毫無反應。這些差異似乎都有遺傳基礎。有些藥廠考慮找出易受影響的人，將他們排除在藥物試驗中。如此一來，他們相信可以減少試驗中受試者的數量，大幅減少成本，並增加試驗準確度。[8]

安慰劑其中一個著名的例子就是喬治・華盛頓・卡弗（George Washington Carver）所發明具療效的花生油。卡弗是我最喜歡的科學家，在第二十章會描述我的理由。一個因小兒麻痺跛腳的男孩使用了一些卡弗的特製花生油，然後站起來行走，這幾乎可以肯定是安慰劑效應。那男孩可能本來就有能力走路，但覺得太沮喪，連試著走路都沒試過。他預期在獲得花生油治療後就能走路，所以試著走——然後成功了。但要注意，即使安慰劑主要效應是出現在那男孩心裡，但實際上仍發揮了功效，尤其是偉大的卡弗還親自將安慰劑用於男孩身上。

偏見也會影響參與者如何感受味道。食品科學家老是遇到這個問題。如果賣相好，人會更享受食物。舉例而言，大家認為較紅的西瓜一定比果肉顏色淺的西瓜好吃。因此受試者拿到食物時會蒙眼或以特殊燈光混淆他們，使他們無法分辨食物真正的顏色。食品科學家希望知道消費者是否認為無論產品的外觀如何，味道都比較好。如果食物擺設美觀，人類也較能享受食物。整個產業就是奠基在偏見上。但好的廚師幾乎可以賦予所有東西好味道。

此外，攝取維生素補充品的人和其他人相比，對自己的看法也不一樣。他們認為自己很健康。假如他們感冒，往往會把這解釋為「只是吸鼻子」。不吃維生素C的人可能認為自己不健康，因此把感冒當作流感在發威。也就是說，這兩群人可能客觀上經歷嚴重程度完全一樣的感冒，但主觀上卻有不同解釋。除了相關相較於因果關係的問題之外，這是少有科學家相信維生素C能預防或治療感冒的主要原因。

並不是只有人類會經歷受試者偏見。實地利用動物實驗的科學家有時也必須設陷阱捕捉動物、測量動物然後再釋放牠們。這個過程經過特別設計，才不會傷害動物。食物會吸引牠們進入只有單向的門。要是這是第一次發生在動物身上，會是很可怕的經驗。第二次或許也是。但過一陣子動物了解看到像這樣的陷阱就知道裡面有食物，也不會受傷。動物就成了田野生物學家所稱的「喜歡陷阱」。這不一定會讓研究者對動物的測量結果無效。事實上，放鬆的動物可能更能「自然」代表其族群。問題是，這造成研究者反覆以同樣的動物作為樣本，而不會每次隨機嘗試新的樣本。有一些方式可以部分彌補這一點，但這必須要研究者注意到發生這種情況。

你可能會問：「只是拿具安慰劑效果的藥品給病患，讓他們覺得比較舒服，有什麼問題嗎？」問題出在幾個地方。首先，藥物有糖果藥丸沒有的副作用。第二，藥物比糖果藥丸貴。第三，過度使用藥物可能導致對整體人口失去藥效。這最常出現在抗生素上。過度使用抗生素可能導致細菌演化，對抗生素產生抗藥性。假如焦慮的父母帶來因病毒感染（但使用抗生素無效）而焦慮的小孩，而成千上萬的醫師開給這些小孩抗生素，那最後就會出現很多對抗生素產生抗藥性的細菌。這實際上正在發生中，或許也是現代重大的醫療危機。

## 實驗者偏見

許多實驗中，不只病患必須「盲測」，實驗者也必須如此，以避免**實驗者偏見**。這稱為**雙盲實驗**（double-blind experiment）。假如給實驗受試者藥丸的護理人員知道這是真的藥或是安慰劑，就可能下意識釋放出一些訊息。受試者會接收到護理人員的熱心或冷淡，或許下意識會猜測藥丸是不是安慰劑。顯然有人（主要研究者）一定知道哪個是真的藥丸，但一旦藥丸只標上號碼，不知道哪個是真藥丸的研究助理就可以發送這些藥丸。另外一個例子要回到我們的食品品嘗實驗。如果看到食品科學家的笑臉，受試者可能會比較喜歡食物。因此，食品科學家可能透過一扇小門拿給受試者食物樣本，不讓受試者看到臉。或者受試者可能會蒙眼。

科學論文發表前，其他科學家會審查找出缺失，決定論文需要修改或不接受。這應該是一個客觀流程，不受個人自我及爭論影響。許多期刊設法隱藏審查人和作者的身分，讓流程雙盲。但結果常常不是如此。審查人雖然匿名，但他們通常知道論文作者是誰。

在匿名的保護之下，審查人有時會對作者人身攻擊。這在申請補助的匿名審查中甚至更常發生。這樣的人身攻擊在科學中比商務人物或政治人物遇到的少很多，但還是會發生。我知道沒有任何研究判斷這種不公平的攻擊有多常見，但一項我同事的非正式調查顯示，約五次論文或補助申請就會發生一次。這種攻擊主要動機是科學家間競爭日益激烈，科學家現在比以前更容易想攻擊競爭者。[9]

## 行銷的偏見

避免偏見不只在科學中很重要，對我們做的每件事也是如此。舉例而言，這對行銷很重要。行銷人員會進行研究。他們想知道吸引民眾買他們產品最有效的方式。他們測量的變數中最重要的就是銷售量。他們合理假設如果民眾買了產品，那就是他們要的東西。這種假設的建構效度似乎無庸置疑。

但不一定真是如此。以下是一個例子。我很討厭買過度包裝的東西。有些塑膠包裝很硬，得靠星艦迷航記裡克林貢人（Klingon）的多刃劍才能打開，還沒有拆好前裡面的產品可能就弄壞了。往往你希望買某樣東西，結果別無選擇只能買包裝最繁複的那款。但那樣東西的銷售量並不代表消費者贊同其包裝方式。我購買那樣的東西表面上是贊同，實際上只是屈服而已。我沒有其他選擇，所以只能認輸然後買下它。這就是一個只有實驗組沒有對照組的例子，因為消費者並沒有其他極簡包裝的選項。

這看起來夠無害了，但過度包裝可能會操弄消費者，造成浪費，因此導致固體廢棄物及濫室氣體製造過多。企業銷售過度包裝的物品可能有利可圖，但卻會浪費消費者的金錢。

## 我們不能隨機思考，異想天開

還有另一種偏見同時影響了受試者和實驗者。我已經用了很多次「隨機」這個字眼，但人類的心靈不可能隨機思考，我們總是會注意到一些或許沒有真的出現的模式，這種過程稱為**空想性錯視**（pareidolia）。最好的例子就是星星。星星隨機分布在天空中，但我們會看到星座。無論你是專業天文學家或業餘的望遠鏡觀察者，都能用星座找出星星位置。但它們對我們來說看起來也像真的。

研究者嘗試藉由數學分析，避開非隨機性的偏見，電腦就可以真正「隨機」思考。但談到研究設計，我們可能會認為我們「隨機」強制建立實驗組，但實際上我們下意識遵循了某個模式。這就是為什麼研究者常以電腦隨機分配受試者到實驗組或對照組。

## 偏見對抗新概念

科學家還有另一種偏見，但或許這有很好的理由。科學家對新概念抱持偏見。但誰不是呢？即使新假設支持論證更充足，比起舊假設，我們還是更容易排斥新假設，避免其撼動我們熟悉的設定。湯瑪斯・孔恩（Thomas Kuhn）解釋，儘管越來越多證據否定了舊概念，但科學家仍緊抓不放，直到在一段相對短的時間內科學社群歷經「典範轉移」（paradigm shift）為止。[10]科學和宗教、政治不同，會歷經思想的革命。但這是壞事嗎？舊的概念可能經過許多資料多次驗證。假如一個新概念只有少數資料支持，這樣的概念出現，科學家自然會懷疑這可能只是僥倖。即使政治上自由派的科學家心態上也很保守。他們說超乎尋常的主張需要超乎尋常的證據。

一個超乎尋常主張的絕佳例子是前面提過的一個假設，也就是現在廣為接受的小行星撞擊地球假設。找到一層富含銥的岩石是一回事，但假如假設正確，**全世界**六千五百萬年歷史的岩石應該都富含銥。研究者實際上在義大利、西班牙及蒙大拿州都發現這種富含銥的岩層。[11]

超乎尋常的主張有幾個例子來自奧克拉荷馬的岩石雕刻。第一個例子是赫文納（Heavener）鎮附近的岩壁，這個岩壁有可辨識的古代北歐如尼文字雕刻。[12]結論似乎顯而易見：維京人雕刻了岩石。這是一個超乎尋常的主張，而且受到諸多詆毀。很多懷疑者聲稱這些雕刻是有人雕出來惡作劇的，這個人夠了解如尼文字雕刻，文字差一點就完全正確。但捍衛如尼石刻真實性的人主張喬克托人（Choctaws）熟知這些雕刻，而他們在一八三〇年代聯邦強行推動重新安置政策時抵達。謠言也傳開來，據說確實有幾個人承認惡作劇。但結果奧克拉荷馬其實還有其他很多岩石雕刻。許多毫無疑問是惡作劇，但這並不代表赫文納的如尼石刻也是。

赫文納的如尼石刻是超乎尋常的主張，但有多超乎尋常呢？沒有其他明確證據顯示維京人出現在紐芬蘭南部，這強力否定了維京人出現在奧克拉荷馬的說法。維京人怎麼有辦法歷經千辛萬苦一路到現在的奧克拉荷馬？或許更重要的問題是，他們為什麼這麼做？非常超乎尋常。真是這樣嗎？維京時代晚期，美洲原住民部落貿易網路遍布北美東部。一些維京人可能逃離其他人，在其中一條貿易路線搭便車，最後在赫文納落腳。考慮到這一點，上面的說法可能就沒有那麼超乎尋常了。

更加超乎尋常許多的說法是古埃及人來到了奧克拉荷馬。一個洞壁（一座私人島嶼上的祕密地點）上的雕刻似乎代表了一匹馬或一隻土狼。但有些觀察者主張這代表埃及的胡狼神阿努比斯（Anubis）。比起赫文納的雕刻與如尼文字的相似程度，這裡的雕刻（根據照片）看起來就沒那麼像阿努比斯的象形文字，除此之外，也沒有證據顯示古埃及人具備航海技能或曾長途旅行。[13] 支持這項發現的人在現場時，聲稱動物周遭各個雕刻過的洞代表星座。在這個例子中，這種主張太超乎尋常，而證據又太平常，無法佐證他們的信念。

然後一切結束，超乎尋常的新概念以大家都可接受的方式證實，而我們表現得好像一直相信這個新的假設。一九六七年，大家嘲笑琳・馬古利斯（Lynn Margulis）提出的細胞來源內共生理論，她在歷經多次拒絕後才得以發表。[14] 這個理論主張複雜的細胞來自較小的細菌細胞合併。今日感覺起來我們科學家好像一直相信這個理論。因此，接受新概念可能有兩個階段。第一個階段是說這不可能是真的。第二個階段是說這太明顯了，根本不必多說。

## 證明馬和狗會算數

「無法辨別隨機性」會直接造成可能是所有偏見中最重要的一種：**確認偏見**（confirmation bias）。當我們看這世界，會看到一些東西，確認了我們已經相信的事，有一些則與其牴觸。我們自然而然會較注意確認我們已經相信的東西。我們會引用證據支持我們的信念，忽視違背信念的證據，這不是因為我們都是騙子，而是因為我們大腦內的本能偏見。科學家稱這種偏見為「摘櫻桃」，因為我們摘下確認我們偏好的紅櫻桃，但沒有看到綠櫻桃。這或許是科學家使用統計測試決定結果顯著程度的主要理由。

我已經向你介紹了一個確認偏見的例子。我用維生素C補充品和避免感冒之間的相關作為虛假相關的例子，但我也提到偏見可能扮演了某個角色：服用補充品的人會將自己的症狀解釋為吸鼻子，而不是感冒。

在之前章節我討論過人類往往會認為其他有機體有智慧，但這些有機體可能不是真的有智慧。寵物的主人往往認為自己的狗是世界上最聰明的狗，或者養的貓真的很愛自己。這是某種形式的確認偏見。以下有一些滑稽的例子。

二十世紀初，有一匹叫「聰明漢斯」（Clever Hans）的馬。[15]牠的主人宣稱這匹馬會算數。群眾會聚集看這匹馬算數。馬不會說話（除了靈馬艾德和戰地神騾之外），所以有人讓聰明漢斯數到五，牠就會用馬蹄重重踩地上五次。聰明漢斯似乎總是能答對。我很確定你已經猜到發生什麼事。假如他們告訴馬數到五，觀察者會在踩二或第三下時冷靜地閒站著。馬踩第四下時，觀察者就會開始留意。踩第五下時，他們就以幽微的方式傳達出他們的讚許，並準備鼓掌。結果證實馬只是非常擅長解讀人的肢體語言。不久，真相就傳了出去。就馬主人來說，這不一定是騙術，而只是觀察者的偏見。容易受影響的觀眾持續得出錯誤的結論，那些看到聰明漢斯的人也一樣。[16]

情況是變好了。你可能會認為到了二十一世紀，我們會注意像這樣的事。但我看到一個電視節目，裡面的人會展示他們的寵物多有智慧。一個家庭宣稱他們的狗不只可以算數，也能**讀木塊上的數字**。我發誓我不是胡謅的，像這樣的東西可捏造不出來。狗在簾幕的一邊。主人會在另一邊拿起一個木塊，假設上面有數字七好了，他會拿給熱切的觀眾看，然後放回原位，和其他木塊放在一起。簾幕一掀開，狗主人就會告訴狗去找上面有「七」的木塊，然後狗就會直接找到那個木塊。觀眾欣喜若狂，評審至少會裝得好像他們相信狗會讀數字一樣。我知道你已經搶先猜到了。狗並不會讀數字，牠只是聞了聞哪個木塊上面人的味道最新。事實上，狗在人告訴它找哪一個數字**之前**就開始找數字七的木塊！你會想這原本就會讓觀察者稍微起疑。

## 有偏見的大腦

人類大腦不只無可避免會製造偏見，看起來似乎也天生就會自我欺騙。[17]我們的心靈時常再現我們的記憶。記憶並不是一套不變的原始資料，我們的頭腦每次都可以重新查閱。相反的，每次我們想到一件事，我們的大腦就會改變記憶，過程中可能帶來偏見，並儲存修正後的版本。我們實際上無法記得偏見出現前那件事的樣貌。這就是為什麼執法人員和國家安全調查員很容易將假記憶灌輸進人的腦袋，這些人之後會說記得實際上並沒有發生的事。一旦假記憶存了下來，就很難和真的記憶區別。科學家為了避免這樣的偏見，會填寫實驗室紀錄本，取得任何結果的當天就寫下來，而不是之後再寫。這也是為什麼目擊證人的證詞可能不是故意騙人，但必須以實物證據，例如犯罪現場的ＤＮＡ加以對照檢查。

## 奴隸制度：歷史上重大的偏見例子

人類歷史上很普遍的偏見就是奴隸制度，直到不到一百年前才逐漸式微。奴隸主人單純不把奴隸當人看。羅馬人將他們的奴隸定義為「會說話的工具」。傑佛遜在革命戰爭前的大陸會議堅稱奴隸也是人，但會議中的南方代表將他們視為財產。捍衛奴隸制度的人往往相信奴隸對他們的小塊土地心滿意足。

年輕的達爾文搭乘羅伯特・斐茲洛伊（Robert FitzRoy）船長的船，航行整個世界。斐茲洛伊就相信奴隸很快樂。達爾文和他看法不同。由於達爾文是平民乘客，他可以與斐茲洛伊意見相左而不會造成任何後果。斐茲洛伊想向達爾文證明奴隸很快樂。因此，停留巴西時，斐茲洛伊要一名奴隸主人帶他的奴隸出來見達爾文。主人和船長都在，那些奴隸告訴達爾文他們實際上非常滿足。達爾文指出了一件事，對今天我們任何人來說都很顯而易見：奴隸不敢在主人在場時抱怨，他會處罰他們。達爾文告訴斐茲洛伊這證據毫無價值，這船長的反應就沒那麼客氣了。[18] 遺憾的是，就著名政治評論家比爾・歐萊利（Bill O'Reilly）的說法，這種偏見還一直持續下去。[19]

## 宗教和偏見

科學思考和宗教等其他人類思想模式差別最重要的地方之一，就是宗教將偏見拉抬到美德的層次。教堂禮拜（不只是基本教義派的禮拜）時最常見的行為就是讓參加禮拜的人低頭闔眼，淨空官能和批判思考的心靈。讓講道者的話不加質疑進入大腦，因此繞過了常識的本能。宗教利用了自由社會中在任何企業或政府機構使用都非法的心理學技巧。

確認偏見尤其氾濫於宗教。幾百萬的信徒（再次強調並非只有基本教義派）為某人祈禱，盼望此人能從疾病中痊癒，或從災難中得救。這種祈禱稱為**代禱**（intercessory prayer），參加禮拜的人代替不幸的人向上帝求情。這個人的健康或是運氣一旦好轉，為他祈禱的人就會注意到，並利用這項資訊確認他們的宗教偏見。要是他們代禱的人**沒有**好轉，他們就一直不會注意到。接受祈禱的人可能比沒有接受的人更容易好轉，但真正發生的可能是安慰劑效應：即使沒有神的干預，病患知道有人為他祈禱，感覺會比較舒服，或許也真的病情好轉。真正需要的是代禱效力的雙盲研究。這正是赫伯・班森（Herbert Benson）和同事於二〇〇六年發表的研究提出的資訊，這項研究以其完成的事實、完成的方式以及結果而聞名。[20]

班森的研究並未試圖驗證任何「上帝」假設，也就是關於上帝存在的假設。但它的確是要驗證代禱提升療癒效果的假設。他們明確的假設是，接受代禱作為輔助的冠狀動脈繞道手術病患手術後，三十天內存活的機率比未接受代禱的高。請注意我所說的「代禱作為輔助」。理論上，理想的狀況是有一組病患接受來自本身教會、朋友、家人的祈禱，而另一組（控制組）則沒有。但這不可能。你不能阻止病患接受他人祈禱。在這項研究中，實驗組的病患接受祈禱作為輔助，而控制組的病患則沒有。

而假設終究只是假設，不是主張。實驗組在統計上死亡人數會少於控制組，或者不會。這個假設可以反證。

受試者的樣本具有相當的外部效力，這是我之前章節解釋過的概念：這些人大都是六十幾歲的白人男性，但宗教背景和地理來源則相當多元。麻州、明尼蘇達和奧克拉荷馬的醫院都參與其中。最重要的是，實驗組和控制組一開始的人口特徵並沒有差異。再者，樣本數適中：大約一千八百名病患選擇加入研究。或許最有趣的一點是，調查中實驗組和控制組中，說相信祈禱的人數並沒有差異。

這群研究者令人佩服。主導的是班森，他不只是心臟科專家，幾十年來也研究心理對身體的影響。我偶然間讀到他在一九七〇年代出版的著作，叫做《放鬆反應》（*The Relaxation Response*），談論的是放鬆技巧的療效。班森在麻省總醫院創立了身心醫學中心。他一生職業上的興趣就是冥想和祈禱等對從病中恢復的效果，他的合作者不只包括醫師、護理人員，也包括公共衛生專家，甚至是神學家。

為了避免安慰劑效應，班森把實驗組又分成兩個小組：一些病患知道他們正接受他人祈禱，一些只知道他們**可能會也可能不會**正接受他人祈禱。班森的研究排除了受試者偏見的一個要素。研究設計還有另一個突出的細節。回想一下我提過預防安慰劑效應的雙盲安排。這個研究很重要的一點是，實際照顧病患的醫師和護理人員並不知道病患屬於哪一組。病患只會收到封好的信封，告訴他們是哪一組。醫師和護理人員不知道哪個病人接受了作為輔助的祈禱。只有病人、班森和他的團隊知道，但團隊成員並沒有見過病患。

此時就是教徒期待的上帝現身最佳時刻。

結果來了。控制組和實驗組中不知道是否接受他人祈禱的小組的病患復原機率幾乎相當。

代禱本身並未改變結果。這就構成了實驗確認，雖然不是證據，但確認了代禱對從心臟手術中復原沒有明顯效果。

那**知道**正接受其他人祈禱的病患呢？你八成會預期他們復原狀況較好。但剛好完全相反。**知道有人幫他們祈禱的病患反而更多人死亡**。

「表現焦慮效應」（performance anxiety effect）對我來說似乎是最合理的解釋。知道正接受他人祈禱的病患可能會猜測他們是某項研究的一部分，測試對象是上帝。他們不希望讓上帝失望，所以很緊張，對他們才剛修復的心臟造成壓力。

但另一個可能的解釋我一開始稱為「洋芋片效應」（potato chip effect），是我的一個研究生（謝啦，塔瑪拉）幫助我想到這一點。知道正接受他人祈禱的病患可能會想：「我沒什麼好擔心的，上帝會照顧我。」所以他們又重拾不健康的習慣（例如吃洋芋片），而這些習慣就是一開始讓他們生病的元凶。

當然這項實驗招致批評，但大多來自不樂見這種結果的宗教人士。舉例而言，基本教義派人士主張提供禱告作為輔助的人並不是真正的聖經基督教徒。禱告者來自一個由不同宗教信仰者組成的團體，還有兩個天主教修道院。基本教義派人士認為上帝極不可能注意像這樣的禱告者。值得稱讚的是，班森和他的研究夥伴嘗試招募保守的宗教團體，但發現沒有人願意參與。

其他基本教義派人士完全拒絕驗證代禱的概念。從宗教觀點來看，可以接受將上帝作為實驗驗證的對象嗎？其實班森和他的研究夥伴是將祈禱者而非上帝作為研究對象。但如果你真的想知道《聖經》對這件事的看法，你不會得到直接的答案。《舊約》中，基甸（Gideon）和以利亞（Elijah）都讓上帝接受測試。基甸將一團羊毛放在地上測試上帝是否真的對他說話，以利亞實際上公開讓上帝降的火成為祭壇。但在《新約》中，耶穌說你不應該測試上帝。對這些基本教義派人士而言，上帝並未回應禱告，是因為祂受到冒犯，竟然有人要測試祂，所以祂讓這些本來可治癒的人死去，因褻瀆神的研究者而懲罰那些病患。

## 科學和民主

傑佛遜就像其他啟蒙運動的學者一樣，假設人只要有機會，就會理性選擇。民主就是奠基於這樣的假設。而這種機會不只包括自由祕密投票，還包括接受能了解各種議題的教育。傑佛遜寫了獨立宣言並創立維吉尼亞大學（University of Virginia）是有理由的。要是他看到政治人物和行銷人員如何在我們心裡創造偏見，利用偏見來控制我們前往有錢有勢的人希望我們去的方向，我相信他一定會非常沮喪。我常想這個過程（民有民治的政府，但人民遭到刻意誤導）是否會摧毀民主。我希望現在有像傑佛遜那樣的人，可以幫助我們釐清這點。

科學家因為沒有偏見，值得現在所擁有的尊重，這並不是因為我們**天生**不帶偏見，而是因為我們比其他人更認知到我們的偏見，於是在人力所及範圍內，控制這些偏見。

## 自己動手做

試著想一個對你個人重要的確認偏見例子，看看你是否能想到方法減少它對你做決定的影響。

# 第十四章 相信我們，我們是科學家

大部分時間，你可以信任科學家，但有時你就是沒辦法信任。當偽科學常跟真正的科學混淆的時候，特別容易發生這種狀況。

**偽科學**（pseudoscience）是一套拒絕使用科學方法但假裝有科學根據的信念，因此沉浸在科學家通常從其工作所獲的尊敬之中。在某些例子中，偽科學組織裡實際上只有幾位科學家成員。

偽科學類型眾多，但往往具有以下特徵：

- **缺少自校正**。科學家不斷驗證每個假設，以尋求新資訊。偽科學則非如此，而是堅定捍衛原有教條，不允許內部檢討，也不接受外部批評。
- **逆轉的舉證責任**。科學家提出假設就認為有必要也提出驗證的證據。另一方面，偽科學家宣告了其假設，並堅持**你**必須相信，除非**你**能證明這是錯的。科學家握有龐大的資料，但固執己見的人則會加以駁斥，說你的資料不夠好，不足以說服**他**。辨認偽科學組織的方式之一就是他們並沒有自己的實驗室進行研究，他們只把時間花在嘲笑真正科學家收集的資料。

- **過度信賴軼事資料**。軼事就是故事，通常是單一的觀察。之後的章節會提到，科學家會使用好幾組資料，這些資料必須範圍廣大才能視為有效。宗教信仰幾乎全為軼事資料。有人祈禱，另一個人從疾病中痊癒，對有信仰的人來說，這證明了祈禱治癒了疾病。偽科學就是這樣做，但又假裝有科學根據。
- **未定義的詞彙**。科學家會盡可能準確定義他們的詞彙，如果不這樣做，他們就可能招致其他科學家批評。偽科學家使用模糊的詞彙，讓他們的假設無法否證。
- **拒絕認真看待證據**。即使偽科學家獲得他們要求的證據，還是會加以忽視。
- **政治意圖最為優先**。就像所有人一樣，科學家都有政治動機。真正的科學家設法避免讓研究無效，偽科學家則使用挑選過的科學資料推動其政治意圖。
- **嘲笑或威脅批評者**。作為一種過程，科學不會嘲笑或威脅他人。科學家身為人，有時會有上述行為，但他們這樣做時通常會招致其他科學家批評。古老的宗教相當仰賴威脅：如果你質疑某個牧師的主張，他就會告訴你你會下地獄。對偽科學家來說，威脅和嘲弄是家常便飯。
- **哪裡有錢就往哪裡去**。偽科學家常獲得企業或政黨慷慨資助。許多著名的偽科學「智庫」全心全意混淆人們對於科學事實的認知，因此剝奪了所有公民可能對抗企業及政黨危險活動的反對行動。[1]

## 全球暖化否定說

在這整本書中我一直用全球暖化作為例子，陳述科學家獲取有效資訊並以可靠方式驗證時面對的諸多挑戰。現在我希望利用全球暖化否定說作為偽科學的例子。

**拒絕認真看待證據**。我的研究領域之一是氣象科學。我研究氣溫升高會帶來的效應：造成落葉樹春天發芽時間提早。許多科學家比我更有資格談論全球暖化，但其中並沒有太多人像我一樣住在奧克拉荷馬的鄉村。這讓我成為某種地方專家。有一次我獲邀對一個教會團體發表關於全球暖化的演說。奧克拉荷馬的城鎮經濟幾乎完全仰賴石油，對一個身在其中一個城鎮的小教會而言，這個團體異常歡迎我提出的訊息。除了一個人之外。他舉手問了一個我認為非常好的問題。他解釋全球暖化在過去曾大規模發生，例如恐龍時代。他說：「恐龍愛得很。」那我們今天有什麼好擔心的？簡短的答案就是恐龍時代的全球暖化速度比今日緩慢許多。要是當代的全球暖化速度較慢，這也不會造成問題。但我一說這是一個好問題，然後開始回答，他就起身離開，我還沒來得及回答完就走出門外了。我假設他是來自石油公司之一的「密探」，說明完立場就離開。對你問題的回答置之不理，實際上就是拒絕聽取證據的例子。

**政治意圖最為優先**。像全球暖化否定說這樣的偽科學的另一個特徵，就是背後必定有政治意圖驅使。所有人、所有族群都有政治觀點。但對偽科學家來說，政治立場才是真正關鍵，科學只是裝飾而已。否定說的其中一位領導學者，我們姑且稱為羅雷斯（Lorax）博士，他支持二氧化碳有助樹木和其他植物生長的概念，而這些樹會吸收人類排放於空氣中多餘的二氧化碳。也就是說，植物是巨大的碳吸收者，會拯救世界。這不可能是事實，因為如果樹木會拯救世界，早就已經開始這樣做了。植物現在無法阻止大氣中的二氧化碳濃度升高。[2] 熱帶雨林以從空氣中吸收大量二氧化碳聞名，且能將其轉換成繁茂的種植物，但這些森林因人類活動而衰減，現在只是二氧化碳的淨製造者。[3] 目前北美、歐洲及亞洲的溫帶森林吸收的二氧化碳比排放的多，但細部研究預測，這些森林在本世紀結束前，會成為二氧化碳的淨製造者。[4]

但假設羅雷斯博士是對的，你可能會想，否定說者可能會樂於支持拯救僅存完整森林的全球運動，並移植已經遭到破壞的森林。你可能認為他們會支持「現金換碳」計畫這類的概念，這樣的計畫成功鼓勵熱帶農民保持雨林完整以換取報償。一群由經濟學家領導的科學家團隊經實驗證實，完整森林提供給烏干達的金錢利益遠超過給農民的金錢。[5] 你可能會想否定說者會樂於支持，但他們大都加以忽視。

偽科學家並不一定是政治光譜的右端。許多反對疫苗接種的人是政治上的左派。他們反對疫苗接種的基礎是一些謠言，最早可追溯到一篇已經撤回的文章，而該文經證實純屬謊言。[6] 他們阻止疫苗接種的程度相當嚴重，許多疾病原本幾乎消滅，卻又開始盛行。[7] 許多醫學研究者親身體驗了「反疫苗人士」的敵意，即使他們的信念基礎證實為錯誤，無法否證的信念仍持續存在。對基因工程不科學的攻擊往往也來自政治上的左派。

**嘲笑或威脅批評者**。否定說者也不只回應批評，還會對真誠的問題嗤之以鼻。我曾寫信給一個大型否定說者組織的領導人，詢問氣候科學家發表的計算結果何以無法證明人類造成全球暖化的假設。（這不是羅雷斯博士，羅雷斯博士對我一直保持禮貌。我們姑且稱這位氣候科學家為香菸博士，因為他的組織也是菸稅及抽菸限制領頭的反對者之一。）香菸博士對我的回應都很簡短，而且是明顯的嘲笑。為什麼不這樣做呢？只要香菸博士對決策者和他化石燃料產業的捐助者友善，就可以嘲弄科學家。至少我不像氣候科學家麥克·曼恩（Michael Mann）一樣收到死亡威脅。[8]

有時候偽科學家會訴諸法律威脅。約二十五年前，我寫了一篇書評，我評論的書中作者聲稱發明了一個全新的演化理論。我在書評中指出他的錯誤。像他那樣的人會花很多時間閱讀別人所寫關於他們的所有東西，雖然我的書評沒沒無聞，但他還是發現了。他寫信給我（這是在廣為使用電子郵件之前），說考慮告我，但決定保持風度不這麼做。他仍繼續唱獨角戲抱怨說教，這一次出版商和書評就沒注意他了。你可以了解我為什麼選擇不說出他是誰。

**哪裡有錢就往哪裡去**。有些偽科學家，例如聲稱整個宇宙繞著地球轉的地心說者，獲得的資助寥寥無幾，但其他人則財源滾滾。否定說者就是最好的例子。他們從煤炭和石油公司獲取大筆金錢，這些企業大都不希望公民減少使用煤炭和石油。他們通常對資金來源保密。這樣的其中一個組織宣稱其資金平均來自各企業、機關及個人。但要記得假如他們的錢大都來自幾個擁有豐富石油藏量的億萬富翁，那些富翁就會有企業，就會資助各機關，而他們也是個人。相較於資助全球暖化研究的機構，煤炭和石油可以提供龐大許多的資金，給那些獲得這類補助的氣候科學家。我的氣候科學研究沒有獲得任何資金。

偽科學家往往視自己為勝利者。他們一旦發現沒有人前來完全證明他們的錯誤，就把這解釋為這證明他們是正確的，但實際上可能是因為沒人想因此把自己困在猛烈的言語攻擊及法律威脅中。

## 利益衝突

偽科學家喜歡認為，因為他們實際上並沒有在說謊，所以他們的意見不會受到獲得資助的影響。但他們如果真是如此，道德就超乎凡人了。所有人，包括真正的科學家和其他人在內，都會猶豫是否要恩將仇報。誠如厄普頓・辛克萊（Upton Sinclair）所言：「當一個人拿薪水是取決於不了解某件事的時候，就很難指望他去了解這件事。」[9]

全球暖化否定說除了是偽科學的好例子之外，也能充分說明何謂利益衝突。科學家勢不可擋的共識以及包括美國人等大多數人的意見，就是我們應該減少燃燒煤炭和石油。但大多數能源公司不希望我們減少使用煤炭和石油。在未來能源來源可能出現的所有情況中，我們還是會持續燃燒很多煤炭和石油，儘管如此，就算我們還是燃燒很多，提供這些能源的公司仍不希望我們減少使用量。

他們達成目的的方式之一就是直接或透過私人基金會，向制定了使用能源相關法規的立法者提供大筆的政治獻金。立法者從來都不是不帶偏見，而且他們甚至有更多理由在這個議題上帶有偏見。奧克拉荷馬參議員詹姆斯・殷荷菲（James Inhofe）從石油公司獲得龐大金額的政治獻金。[10] 無論他本身是否有意，他接著的確發表了全球暖化相關且明顯可笑的言論。殷荷菲參議員說全球暖化不可能發生，因為聖經說上帝不允許。事實上，他引用的《聖經》章節並沒有提到他聲稱的內容。他放手一搏然後贏了：他大多數的追隨者根本懶得自己去查《聖經》章節讀一遍。殷荷菲也在參議院會期丟出一顆雪球，證明因為冬天仍然夠冷、會下雪，所以全球暖化不可能發生。[11] 他似乎在暗示假如任何地方任何時刻下雪，就不會發生全球暖化。

偽科學利益衝突最好的例子之一和農藥有關。二次大戰後的二十年後，大量農藥從飛機噴灑在美國各地，以控制農業病蟲害和昆蟲病的媒介。生物學家瑞秋・卡森（Rachel Carson）指出這些農藥或許本身環境濃度無害，但在食物鏈的動物組織中濃度會升高，特別是食物鏈頂端的動物。[12] 再者，害蟲族群會快速演化，對農藥產生抗藥性。她解釋減少使用農藥，並以鎖定目標而非從飛機噴灑的方式使用對環境較安全，**而且**更能有效控制害蟲。她收集了數量驚人的證據，並以平易近人的語言在她一九六二年的著作《寂靜的春天》（*Silent Spring*）中解釋這些證據。[13]（也就是說，鳴禽會死亡是因為吃的獵物含有農藥，而不是直接接觸到噴灑的農藥。）這本書目前仍是有史以來最重要的著作之一。卡森於一九六四年去世。

卡森的書一問世，化學公司就大表不滿。這些公司不只銷售農藥，還是靠銷售**很多很多**農藥賺錢。假如政府和農民只使用少量農藥，這些公司就會損失慘重。它們指控卡森說大家都不應該使用農藥。最近有一本書，作者顯然沒讀過《寂靜的春天》，把這本書描述為「毫無節制地與農藥唱反調，充斥怒氣與憤懣」。[14]這並不是卡森說的話。《寂靜的春天》第十章中，卡森譴責農藥「從空中任意噴灑」以控制火蟻，她指出直接噴在蟻丘上花費更少且更有效。[15]並認為應限量使用農藥。我相信要是她還在世，一定會同意在瘧疾盛行的非洲使用滴滴涕（DDT）農藥噴灑在門窗和蚊帳上，防止蚊子將瘧疾傳播到睡覺的人身上。事實上，現在已經這樣做了。這種作法對人和環境都很安全。

指稱卡森的書充斥怒氣唱反調的同一個作者也說此書「欠缺數據，滿是軼事」，例如只擷取退休賞鳥愛好者的話，而未使用科學數據。但要是該作者真的看了卡森的著作，他會注意到她書末引用了**七百五十四筆參考文獻**，大多出自官方的政府報告。

但有些化學產業的發言人仍說卡森以一人之力說服世界停止撲滅蚊子，造成蚊子數量激增，數以千計的人死於瘧疾。這根本是一派胡言。卡森說服美國政府禁止將滴滴涕將用於農業上，但並未禁止用於控制昆蟲媒介，而且這都僅限於美國之內。我們可能會認為卡森去世之後，關於她的謊言就會停止。[16]但反環保人士的網站和著作持續散播這種錯誤資訊。奧克拉荷馬參議員湯姆．科博恩（Tom Coburn）於二〇〇七年就引用這項不正確的資訊，阻擋眾議院向卡森致敬的決議，那年是卡森一百歲冥誕。[17]

卡森的故事呈現出偏見的另一個部分。化學公司說她是女性，所以歇斯底里。[18]這種說法今天聽來很不可思議，但卻是那時普遍的偏見：你不能相信女人的話，因為她們會歇斯底里。**歇斯底里**（hysterical）的拉丁字源指的就是女性生殖器官。因為這種偏見，卡森要提出證據的標準不得不提高許多。幸運的是，她的證據完善，且論證清晰，所以提出的觀點廣為盛行。

為大型化學公司效命的科學家例子持續出現，將他們研究的化合物可能造成的重大健康風險減到最低。有些為孟山都工作的科學家宣稱，公司並不希望他們發現他們最重要的除草劑之一草甘膦可能導致癌症。[19]

## 跳到結論

有時候科學家可能在研究過程做出一些行為，雖然並非刻意欺騙，但可能將結果推向某方向，獲得比他們應得更多的可信度。我們可能在**無意識**中「處理我們的資料」，讓資料比實際上更好看。在競相爭取研究經費及科學相關工作的世界中，非做不可的誘惑可能很強烈。讓我提出一些例子。

首先，思考哪些資料要保存、哪些要丟棄。我之前提到統計的離群值，以及如何將離群值排除於資料集中。科學家一直因為和實驗無關的理由，丟棄無用的資料。實驗用的動植物可能會因為一些和實驗無關的理由生病，在分析的資料中納入這樣的動植物可能會造成誤導。但我們一旦將這些資料丟棄，要做兩件事。首先，我們承認做了這件事。再者，我們嘗試解釋原因。遺憾的是，許多高風險科學研究的例子中，並沒有做到這一點。

有時候，如果科學家發現自己必須丟棄許多資料，這可能代表實驗出了問題，而不只是運氣不太好。我們對實驗室老鼠的一項實驗中，發現許多老鼠並不是很健康。我們並沒有將大批資料丟棄，而是想辦法釐清發生什麼事。結果原來是老鼠對籠子裡刨過的松木鋪墊起了過敏反應。我們一換成山楊鋪墊，問題就迎刃而解。

但有時候我們可能會很想把麻煩的資料丟掉。我之前提過科學家為了接受結果，因此能接受百分之五的顯著水準。假設計算結果得出百分之六而非百分之五好了。再進一步假設只要丟棄一個資料點就會將計算結果改進到百分之五。這時就會受到強烈誘惑，合理化將一個資料點丟棄的行為。我不相信我曾經做過，但我和你一樣有會欺騙人的潛意識。最好的狀況就是有夠龐大的樣本規模，或者反覆進行實驗次數足夠，這樣一個資料點就不會那麼舉足輕重。

第二，考慮偽複製（pseudoreplication）。[20] 偽複製實際上就是一遍又一遍測量同樣的資料點，而不是測量真正的獨立資料。一遍又一遍測量同樣的有機體顯然是欺騙行為（例如毒性研究）。這樣做不只增加複製品，還以偽造方式擴大數量，所以才有這樣的名稱。但有時可能會無心之下造成偽複製，例如喜歡陷阱的動物（參見第十三章）。

科學家快速達成結論最近的一個例子，就是宣告已經在地球發現砷基生命形式。生命是以ＤＮＡ為基礎，ＤＮＡ本身就是建構於包含磷原子的支架上。磷原子在化學上類似砷原子。雖然砷對地球上所有已知生命形式都有毒，但有可能某處——地球或其他星球——的某種生命形式，不使用相當於ＤＮＡ的物質中的磷原子，而使用砷原子演化。一位名叫費麗莎・沃夫西門（Felisa Wolfe-Simon）的傑出青年科學家宣稱在加州東部的莫諾湖（Mono Lake）發現這樣的生命形式，莫諾湖的水含了大量但不至於致命的砷。[21]美國太空總署（NASA）資助了她的研究，也備感興奮，因為假如這種不同的生命類型可以在地球這裡演化，為什麼不可以在火星？那讓我們去火星一探究竟吧！有一小段時間，沃夫西門是巨星般的科學家。

結果她發現的細菌證實並未使用砷製造分子，只是將砷隔絕，讓砷不會干擾細胞過程。[22]的確，要區分受磷污染的砷基ＤＮＡ和受砷污染的磷基ＤＮＡ很困難。

## 徹底欺騙

科學家是世界上最值得信賴和最誠實的人。科學家平均而言，的確比政治人物、牧師和企業領導人等誠實、值得信賴。這是因為科學的成功標準是真理，或應該是真理。有誠實的政治人物（我們稱為政治家）、誠實的企業人士和誠實的牧師，但他們似乎極為罕見，所以我們會在文學和媒體中歌功頌德。《華府風雲》（*Mr.Smith Goes to Washington*）的主角就是諸多貪官汙吏中，代表誠實政治人物的一個例子。我們也樂於憎恨不誠實的人，就像辛克萊・路易斯（*Sinclair Lewis*）憎恨神棍或馬克・吐溫憎恨《敗壞了哈德萊堡的人》（*The Man That Corrupted Hadleyburg*）裡不誠實的商人一樣。

但欺騙雖然在科學中相對較少，還是可以找到很多例子。我來說幾個經典的當代故事。[23]

科學史上最著名的騙術或許就是皮爾當人（Piltdown Man）。一九〇六年，一個叫查爾斯・道森（Charles Dawson）的業餘化石獵人在英國皮爾當附近的一個砂石場四處挖掘。他聲稱在砂石場找到史前人類的骸骨，這些人類是介於人類和人猿間「失落的一環」。這些骸骨出自一個頭骨，頭骨有像人猿的牙齒，但腦部較大。這應該證實了兩件事：首先，人類從人猿演化的初期主要在大腦成長；第二，這個時期出現在今日的英國。其他「失落的環節」也陸續被發現，例如印尼的「爪哇人」。但道森堅稱爪哇人這樣的化石不屬於人類祖先，這些化石不應該出現在那些地方。每個人都知道智慧一開始在最早的歐洲人身上演化出來，而道森相信，這些人是世界上最有智慧的人。或許在印尼有些人猿演化出雙腳行走的能力，但在英國，人猿演化出智慧。

像亞瑟・史密斯（Arthur Smith）這樣的化石專家亟欲相信道森，以致忽略了一些理應顯而易見的問題。其中之一就是皮爾當人的頭骨用銼刀銼過，讓它看起來像道森想要的樣子，而且也上了色，看起來比實際上更古老。這看起來像人類的上部頭骨，但卻有人猿的下顎。事實上，這就是人類的頭骨。雖然最近的證據顯示至少有一個大英博物館中較次要的策展人涉入其中，大多數歷史學家仍相信道森自己完成了這個騙術，因為他是捍衛這個騙術的大眾中最主要的一個，並沉浸在其帶來的名氣中。有些歷史學家懷疑道森最後會告訴所有人他做的事——他只是想惡作劇一下——但他還沒來得及承認之前就死於一次大戰。

另一個施展知名騙術的是英國教育心理學家西里爾・伯特爵士（Sir Cyril Burt）。他的測量結果據說證明了白人比有色人種聰明許多。但伯特爵士去世後，事實證明他的測量結果可能是捏造的。他顯然不只捏造數字，還宣稱聘用了一名研究助理瑪格莉特・霍華（Margaret Howard），結果這個人並不存在。[24]

在上述例子中，驅使某些科學家詐欺的理由就是渴望證明英國人是世界上最聰明的人，而且五十萬年來都是如此。但科學詐欺大部分的例子中，主要的動機似乎都是自尊的自我膨脹和事業上的自我推銷。這最能解釋三名不同的荷蘭社會心理學家（德里克・斯塔佩爾〔Diederik Stapel〕、德克・史密斯特〔Dirk Smeesters〕和彥斯・福斯特〔Jens Förster〕）何以在二〇一一年至二〇一四年間犯下詐欺之罪。[25]

## 哪裡有錢就往哪裡去

但還有另一個明顯的動機：金錢。假如你希望發現科學詐欺，哪裡有錢就往哪裡去就對了。這是為什麼詐欺在醫藥研究比在資助拮据的生態領域研究普遍。醫藥研究其中一項熱門的新領域就是製造生物同質性的胚胎幹細胞，這顯然也會吸引人詐欺。

具生物同質性的胚胎幹細胞對醫學來說是美夢成真。具生物同質性的胚胎幹細胞和我們骨髓中的成體幹細胞不同，具有適應性，可以發展成我們體內的任何一種細胞。它們必須能夠如此，它們是一小團極初期胚胎中的細胞。事實上，它們的確成為胎兒及幼兒全身的細胞。這包括神經細胞這種一般無法自行複製的細胞。假設你的神經組織因阿茲海默症、帕金森氏症或物理傷害而受損，那你這輩子都會一直維持受損的狀態。但假如你能在受損的神經組織注入一些胚胎幹細胞，那些細胞就會發展成新的神經細胞，治癒傷處。目前胚胎幹細胞的問題是它們來自和你基因不同的胚胎。因此，假如某人將胚胎幹細胞注入你的組織，你的免疫系統可能會把它們當作外來的入侵者攻擊。但要是那些幹細胞的細胞核已經移除，取而代之的是**你的**細胞核

（也就是說它們具生物同質性），那你的免疫系統就不會攻擊它們。

南韓科學家黃禹錫（Woo-Suk Hwang）二〇〇四年震撼了世界，當時他宣稱已經製造出細胞核已替換的胚胎幹細胞。[26]具生物同質性的胚胎幹細胞運用於醫藥上似乎指日可待。然後其他科學家開始注意到一些可疑的事。黃禹錫在他的實驗室使用了一些不太符合倫理的作法。這讓不同科學家更仔細檢視他的研究結果。那時他們發現他經過基因工程改造的幹細胞只是影像處理後的虛構產物。[27]奧勒岡州的科學家似乎利用正當方式，為其他靈長類達成了黃禹錫宣稱為人類而進行的成就。[28]但這次並沒有大肆慶祝：一個詐欺者讓我們都覺得像白癡一樣相信他的說法，在這之後很難再慶祝正當合理的突破了。

醫藥研究者非常希望找到方式，將不似胚胎幹細胞那樣容易獲得的成體幹細胞轉發展為和胚胎幹細胞一樣能彈性發展的細胞。二〇〇六年，威斯康辛州的詹姆斯．湯姆森（James Thomson，胚胎幹細胞最早的發現者）及日本的山中伸彌（Shinya Yamanaka）分別帶領兩個科學團隊想出如何對成體幹細胞進行基因操作，誘導這些細胞幾乎和胚胎幹細胞一樣好。[29]他們已創造出「誘導性多能幹細胞」（induced pluripotent cells）。但基因操作無論何時完成，都有可能會出錯。一定有更簡單的方式誘導成體幹細胞成為多能細胞。二〇一三年，日本的小保方晴子（Haruko Obokata）和其他科學家宣稱發現那種更簡單的方式：只要讓成體幹細胞短暫接觸弱酸，細胞就會變成多能細胞。[30]但幾乎不到一年，他們的說法顯然即使不是完全造假，也不成熟且過於誇張。每個人都說，又來了。二〇一四年，小保方在這個計畫中的指導教授——笹井芳樹（Yoshiki Sasai）上吊自殺。[31]

美國科學促進會（American Association for the Advancement of Science）等科學社群慎重看待了這些問題。[32]正直誠信不只包含了誠實，還包括進行對人類有益的研究，並尊重人權。

## 造假論文的產業

過去科學論文都會實際以紙本出版，品質控制相當良好。期刊要出版論文所費不貲，需要很多墨水、紙張、印刷設備和郵資，而且要是任何期刊背上出版論文不可信的名聲，很快就會停刊。線上出版勢不可擋，而且可能真的有其功效，但由於這種出版方式興起，全新種類的問題出現：造假的科學論文。今日要創立「科學期刊」出版線上論文幾乎花不到什麼錢。現在網路上一定有幾十種這樣的期刊。假如你付費，它們幾乎就什麼都能出版。這個問題類似部落格和合法出版商出版的書籍間的差異。任何會寫部落格、說任何事的人無論多離譜，都不會有編輯說：「你胡說八道會毀了我們的名聲，害我們虧錢甚至停業！」無論你的部落格多瘋狂，還是會持續運作，因為這不花你半毛錢。假如你付錢給供應商放網站，它們就從你而非你的讀者身上賺錢。網站和部落格是新的產物，相當於補貼出版，特定公司會印出任何你付錢請它們印的東西。我常認為我的科學部落格很可靠，[33]但寫部落格的過程本身並沒有任何事物確保這真的能這樣。

一名《渥太華公民報》（*Ottawa Citizen*）的記者隨便寫了一篇造假的論文，寄給其中一些這種「同儕審查」的期刊。[34]他一半的題目和一半的材料出自地質學，另一半則出自血液學：論文名稱〈酸度和乾度：土壤無機碳封存顯示與自體注入周邊血幹細胞後低酸鹼值土壤及骨髓肅清間之複雜關係〉（Acidity and Aridity: Soil Inorganic Carbon Storage Exhibits Complex Relationship with Low-pH Soils and Myeloablation Followed by Autologous PBSC Infusion）。你必須承認這很有創意，特別是作者還發明了「地震血小板」這種詞。他收到好幾封接受信。有些人注意到他剽竊，但仍告訴他稍加改寫便可出版。

那有什麼好不開心的？出版論文的確仍是至高無上的學術成就。但要是論文寫出這種標題，還聘用撰文的應徵者或提供獎勵補助，那也只能怪自己。這些「同儕審查」的論文顯然未真正經過同儕審查，這取決於你如何解釋同儕。「同儕」可以解釋成是我們所有人（也就是站在一起尿尿的人）。任何聘用科學家的人應該都只信任讀者群雖不大，但大家都認為可靠的期刊。你無法問它們是否對作者收取費用，藉此區別真正和冒牌的出版商。幾乎所有的期刊都是非營利，但收取「版面費」來支應支出。

顯然科學詐欺或至少科學上倉促造成的成本還算得出來。從一九九二年到二〇〇二年，國家健康科學研究院有五千八百萬美元的補助花在之後撤回的研究中。[35]這是那段期間國家健康研究院預算的一小部分，比很多大企業的財務醜聞少的驚人，但這裡一百萬、那裡一百萬，開始加起來就不少錢了。

同儕審查（如之前章節所提）常難以捉摸，但至少很容易找出造假的情況。幾年前我擔任審查人，抓到一篇剽竊的論文。但一旦論文已經出版，就不只會在科學家間流傳，連科學作家和記者也會讀到。一旦在公共領域中傳播，幾乎就不可能改正錯誤。為了解決這個問題，美國科學促進會，也就是《科學》（*Science*）的出版者，於二〇一七年十一月開始了一項新作法，記者可以立刻聯繫頂尖的科學家，查證自己使用於報導中的科學資訊正確與否。[36] 雖然這並沒有保護閱讀的大眾免於接收到無效且尚未公開的科學，但至少有助於減少科學上的錯誤資訊流傳。

所以繼續嘲笑冒牌期刊出版的文章吧，但如果你相信那些文章，可笑的就是你了。有件事和這相關。我考慮創立一本科學期刊，每篇文章只收一萬美元。假如你有興趣出版就讓我知道，記得我就是同儕。

## 自己動手做

想出一個可能不可靠的資訊來源（例如某個組織）。

# 第十五章　受困

最基本的人類欲望不是食物、住所甚至性。每個人最基本的欲望是了解自己的世界，解釋自身經驗。無論自己是否注意到，我們每個人都創造了世界的理論模型，界定我們在世界上的角色和意義，以及我們應該如何生活的大致面貌。

但一旦你在心中建構了這樣的世界模型，你就受困其中了。你覺得有必要以那個模型為基礎，解釋發生在你身上以及你所見的一切事物。假如你的模型和現實截然不同，就會越來越難這麼做。在某個時刻，隨著你的信念和事實間的矛盾逐漸增加，你可能最後會了解你的模型需要改變。

或者根本不必變。有些人接觸到事實或有和他們信念相牴觸的經驗時，會創造越來越複雜的一套解釋，防止他們的信念瓦解。建構並維繫這些幻想的過程稱為**虛構**（confabulation）。虛構並不是說謊，而是製造出整個虛假的心靈世界，生活於其中。作家山姆・堅恩（Sam Kean）稱這是「誠實的謊言」。[1]

由於宗教是很根本的本能，處理我們最基本的問題，所以也提供了虛構最好的一些例子。

其中一個例子就是基督教基本教義派的創世論。本章目的不是抨擊創世論者，而是利用他們的信仰作為例子，說明虛構是在多絕望的時候產生。

創世論者有很多種，但我會用年輕地球創世論者作為例子。一般認為，年輕地球創世論者的整套信仰都建構在創世紀。但實際上，他們的信仰建構在創世記第一、三、六章。

- 他們相信地球很年輕。上帝創造地球只不過是約六千年前的事（創世記第一章）。
- 他們相信地球創造得很完美，所以的不完美都在受咒詛時出現，這時也稱為人的墮落（創世記第三章）。
- 他們相信洪水在諾亞的時代完全覆蓋地球，造成所有動物死亡，除了那些在方舟上的之外。這也在約四千年前製造出一層層的沉積岩（創世記第六章）。

他們受困於這三種信念。只要他們遇到違背其中一項的事實，他們就必須想出藉口。藉口一多，他們就創造出虛構的宇宙論。

想一下第一個信念。來自遙遠銀河系的光的紅移讓那些銀河系看起來很遙遠，光本身必須穿過幾乎真空的太空好幾十億年才能抵達地球。創世論者該拿這種麻煩的事實怎麼辦？他們宣稱上帝不只創造了所有銀河系，還創造了這些銀河系和地球間的光，賦予光適當數量的紅移，能夠完全聚焦。這讓他們繼續相信宇宙年齡只有六千歲。再者，地質學家可以利用放射定年法，測量岩石中發現的水晶中鈾和鉛的含量，決定出火山岩的年代。這些測量結果讓地質學家得以決定火山岩以及火山岩層間的沉積岩歷史是幾百萬甚至幾十億年。創世論者該拿這種麻煩的事實怎麼辦？他們宣稱上帝操縱了水晶中鈾和鉛的比例，讓岩石看起來很古老。

想一下第二個信念。他們宣稱上帝創造地球時，地球上並沒有掠食性動物、寄生蟲、疾病或死亡。但掠食性動物和獵物有許多複雜的適應能力，例如偽裝、掠食性動物飛或跑的速度、敏銳的視力以及掠食性動物和獵物都會有的本能，這在伊甸園中說不通，那裡獅子和暴龍只會咀嚼植物，遊隼則吃種子。寄生蟲複雜的生命週期相當驚人。要是沒有疾病，動物為什麼有生理能力加以對抗？遺傳上最複雜的例子就是脊椎動物的免疫系統。最後，年老和死亡都設定在我們的染色體中，沒有任何條件組合能阻擋必然邁向老化的過程創世論者該拿這種麻煩的事實怎麼辦？他們說上帝當時創造了所有這些結構和過程，所以將亞當和夏娃趕出伊甸園。那時這幾乎等於完全重新創造了世界。

最後，想一下第三個信念。假如所有的化石都是在一次氾濫全世界的洪水中創造出來，為什麼它們會依據演化順序找到？最古老、最下面的岩石有看得到的化石，這種岩石沒有兩棲類、爬蟲類、鳥類或哺乳類動物。事實上，裡面完全沒有陸地動物或植物。最年輕的岩層中沒有恐龍化石。最古老的森林中則沒有開花植物。創世論者該拿這種麻煩的事實怎麼辦？有些創世論者宣稱陸地動物拼命游泳到較高的地面上，所以埋在沉積岩的最上層。我猜開花植物也不得不這樣做？但問題是這種演化順序沒有例外。一百年前，英國生物學家霍爾登（J. B. S. Haldane）提出了挑戰：只要拿給他看一種被沖到岩石底層的哺乳類動物，**只要一種就好**，或許是兔子，這樣他就會重新考慮他們的主張。[2]其他創世論者不滿意這種信念，他們並不認為只有游泳能創出動物化石完美的演化順序。

創世論者已建構出精心雕琢後的虛構，順應科學揭露的事實。上帝創造了紅移、操縱了水晶中鈾和鉛的比例、人墮落時重新創造了整個世界，然後在大洪水來臨時移動在劫難逃的動植物，都是為了要製造虛假的演化順序。他們有任何這些主張的證據嗎？沒有。他們甚至沒有《聖經》上的證據，因為《聖經》中並沒有這些說法。他們只是捏造故事。

科學家也必須把觀察納入解釋架構內。但科學並不會虛構故事，理由是每一個關於事實和架構關係的主張都能用證據驗證，而且已經驗證完成。創世論者建構了一個稻草屋，禁不起真實世界暴風雨般的事實試煉。他們在心理上就讓這個屋子與其他外部事實絕緣。但科學家蓋了一棟樑柱和磚塊都很堅固的房子，在暴風雨來襲之前經事實一個一個驗證，然後讓外部驗證的暴風雨突然降臨這棟房子。創世論者會受困於他們的架構，但科學家卻能夠跳脫出來。創世論者相信質疑他們屋子的架構等於質疑上帝，但科學家會讓所有人踏進屋子，親眼看看那個架構。

**自己動手做**

想像一群人（例如邪教組織），他們的信念讓他們困於虛構之中。然後檢視他們對此嘗試做過哪些事。

# 第十六章
# 你指的到底是什麼？為什麼科學家（應該）小心定義他們的詞彙？

科學思考和其他思考模式間的差異就是前者會小心定義詞彙。如果你把甲蟲叫做蟲子，科學家會非常不高興。你和科學家都必須了解在日常對話中，「蟲子」就是指所有可能有害或至少可能會煩人的有機體。因此，日常用語中，蟲子可能是昆蟲、甚至細菌。對科學家而言。蟲子是半翅目或同翅目的昆蟲。科學著作中不能把甲蟲（鞘翅目）叫做蟲子，這點很重要，因為昆蟲確切的身分可能有必要知道。舉例而言，在農業中，這種區別可能很重要。如果你只是噴灑農藥撲滅所有昆蟲，你就可以全部叫做蟲子。但如果你使用甲蟲等生物控制媒介控制真的是蟲子的蚜蟲，你就不能隨便使用「蟲子」這個詞。

有些我們使用的詞彙很簡單，但代表非常複雜的過程。其中一個例子就是「吃」這個字。有很多細菌會吃糖嗎？我在一本著作的原稿大膽地這樣說，但一位審查人就寫：「細菌不會吃東西！牠們會新陳代謝！」真是抱歉。安布羅斯．比爾斯（Ambrose Bierce）在《魔鬼辭典》（*The Devil's Dictionary*）中，將「吃」定義為「連續」（且成功）執行咀嚼、潤濕及吞嚥功能。[1]我們暫且先說到這。「消化」是另一個簡單的詞，代表一連串的複雜過程：一塊塊食物在胃裡分解成大的食物分子，大的食物分子在十二指腸分解成小的食物分子，然後小腸吸收小的食物分子，送至血液。還有更多解釋。沒有人分析字詞來了解含意，我們只是在成長過程中聽到成人使用「吃」和「消化」等字詞，然後就從上下文來了解。

有一個詞彙的例子很有趣，每個人，甚至連科學家都隨便使用，那就是「adaptation」。這個字在日常用語中代表「因應」、「適應」。這個字很常用，改編自蘇珊．歐琳（Susan Orlean）的小說《蘭花賊》（*The Orchid Thief*），由尼可拉斯．凱吉（Nicholas Cage）主演的電影英文片名就是 Adaptation。我們大多數人都能從上下文了解這個字。但科學家必須更精確，特別是面對這種字的時候。

有機體有非常非常多種方式適應環境或在環境中變化。也就是說很多**過程**都可以稱為 adaptation。思考一下動物如何確定吸進足夠的氧氣進入細胞。動物的細胞可能因為一些理由而感到氧有效度偏低。動物可能猛力運動，細胞使用的氧氣比血液能補充的還多。或者動物可能生活在高海拔的地方，空氣稀薄，氧氣自然也較少。紅血球輸送了血液中大多數的氧氣。醫護人員把這些細胞稱作RBC，就純粹代表紅血球。RBC並沒有比**紅血球**（red blood cells）更精確，但醫生希望你覺得他們很聰明。（說到精確的詞彙，**elevation** 指的是海平面之上的高度，**altitude** 指的是地平面以上的高度。現在你知道了。）

人至少可以用兩個過程「適應」低氧有效度，並讓細胞獲得更多氧氣。其中一項過程是心肺更劇烈運作，運送更多氧氣到組織中。這是簡單的生理學。或許也沒那麼簡單，因為這需要腦幹監控血漿中的二氧化碳濃度，並傳送訊號到心肺的肌肉。你的身體會這樣做，但不需要改變基因活化模式。

另一個過程是骨髓開始製造更多紅血球，這會讓每毫升的血液運送更多氧氣到組織。一個人必須在高海拔地區住一周左右紅血球數量才會開始增加。這些是基因活化中實際的變化，常稱為**氣候適應**（acclimatization）。這解釋了為何連為低海拔地區舉辦的賽事進行運動訓練都常選擇高海拔地區。[2]

還有另一個過程讓人能「適應」低氧有效度，但這必須從幼兒期就開始。在安地斯山脈（the Andes）這種高海拔地區長大的人實際上會發展出比體型應有更大的肺[3]，但已經長大這就做不到了。因為這項過程代表身體結構可以塑造成不同形狀，就像塑膠一樣，所以常稱為可塑性（plasticity）。氣候適應只有在身體結構限制下才會出現，而可塑性可以改變身體結構到某個程度。

生理上的調整、氣候適應和可塑性是個別有機體唯一能做到的事。有機體不能改變基因。只有演化隨時間改變了不同基因變異的相對比例，才能做得到這一點。天擇或人擇（下一章會解釋）造成演化適應。不同族群的人，例如住在安地斯山脈和喜馬拉雅山等高地的人，世世代代都生活在高海拔地區，他們實際上就演化出製造更多紅血球的能力。[4]

因此，有四種不同的過程可以稱為適應。每種過程造成的身體特徵也可以稱為適應。這造成「適應」這個詞有八種可能的意義，甚至更多。[5]演化科學家只將「適應」用於演化的過程或產物。醫藥研究中，你仍然可以讀到其他種類的適應，或許這是因為考慮到演化的醫藥研究者相對較少。

從那裡開始越來越複雜了。思考一個例子。隨演化時間過去，植物產生許多方式適應炎熱乾燥的環境。這些方式其中之一是一種稱為「景天酸代謝」（$C_4$ metabolism）的代謝作用，原因我會解釋。全世界有高達七千五百種植物，大部分是乾燥棲地的草，這些草就具有這種代謝作用。而這種適應似乎演化自不同的演化祖先，且多達四十五次。[6]那如何量化這種適應？景天酸代謝是一**種**適應，但這是演化四十五次後造成，而演化製造出七千五百種使用景天酸的物種。或許最適當的說法是，景天酸是一種演化四十五次後的適應方式，但說這種演化出現七千五百次就錯了。這是約瑟夫．費爾森斯坦（Joseph Felsenstein）說的**系統發生效應**（phylogenetic effect）。[7]你要計算適應的起源數目，而不是有這種適應能力的物種數目。

另一個科學家使用字詞非常精確的理由是其他一些科學家正在等機會，看他們精確程度稍微出差錯，就可以把他們狠狠駁倒。有時候吹毛求疵的科學家會說：「那個博學多聞的博士是要說……」然後對討論的說法給了一個奇怪又不正確的解釋。事實上，這並不是說作者想表達什麼，而是批評者想推論或「故意扭曲」，得出荒謬的結論。科學家會精確撰寫和發言，讓這種枝微末節的爭論無從開始。

科學家會密切注意生理過程和演化。他們無法承擔使用「蟲子」或「適應」這種不精確的字眼。科學家也很小心措辭，並深切意識到科學結論暫時性的特性，以致非科學家可能認為科學家比其他人對事物更沒有把握。事實上，科學家會「更有」把握，因為他們知道自己信念精確度的限制，這在之前章節就已提到。他們認為欠缺把握是偽科學家利用來評論「科學家沒辦法肯定」的說詞。但假如我的統計分析說 $p = 0.015$，即使我用了很多如「看起來似乎」的謹慎用語，還是可以說我有百分之九十九點五的把握我是對的，但牧師和政治人物還不敢這樣說。

幸好寫作精確、清晰和優美**有可能**同時達成。科學傳播是一門科學，也是一門藝術。

### 自己動手做

想一個你常用但別人可能誤解的字。

# 第三部 大概念

哲學家和神學家認為他們本身有一些大問題要回答，特別是關於人性的問題。但科學不只處理大問題，好幾百年來，也征服了哲學和宗教不得不閃避的大問題領域。

# 第十七章　自然淘汰：有史以來最大的概念

科學中最重要的概念是什麼？對我來說，這很容易選擇。最重要的科學洞見就是達爾文發現的**自然淘汰**。我並不是說他發現**演化**而已，他還為此收集了令人信服的證據。自然淘汰是達爾文和科學界最大的發現。自然淘汰會解釋演化**如何**運作。

我之後會解釋，這不只是有機體的演化而已，而是包括**萬事萬物**。

我們都知道的世界有兩種現實。一種具有支配一切的秩序，可以稱為自然法則。這些法則在世界各處運作，這就是為什麼我們稱所知的一切為「宇宙」（universe），而這個詞來自拉丁文的「一」。我們現在知道這些法則是自然的一部分，而不只是神明因持續意志或一時興起強加自然之上。太陽不是許珀里翁（Hyperion）的戰車，月亮也不是雪萊（Shelley）說的「圓臉的少女，一身白火焰」。[1]宇宙不是古人所想的，是一片混沌的海洋（創世紀第二章提到「空氣以上的水」[2]），反而井井有條。我們對宇宙這部分的理解是伽利略和牛頓等人加諸西方人心智之中。重力和動量的簡單等等式解釋了所有行星和其衛星間的活動。

但我們也知道這個宇宙仍包含了許多混沌之處。無論你是不是牛頓，有很多事物看起來沒有明顯理由就發生，這通常出現在我們每天生活的日常中。宇宙雖然和平有秩序，但仍有很多恐怖之處。

自然淘汰利用自然法則的運作，將現實的這兩個面向繫在一起。達爾文的洞見簡單的驚人，我們很多人都有和達爾文友人赫胥黎一樣的反應：我是有多笨，早該想到的！[3]

## 為了愛貓者的演化

以下是自然淘汰運作的方式。我們會像達爾文一樣把這概念用在有機體上。就讓我們用很多人最喜歡的動物，也就是貓。讓我們再次搬出貓咪巴多羅繆。

首先，顯然沒有**貓**這種東西。貓全屬於同一種物種（家貓〔Felis catus〕），但體型、形狀以及毛的長度則極為多樣。有會因為自己的毛球噎到的長毛貓；有幾乎無毛、會發抖的貓，這種貓受到會過敏的貓主人喜愛；另外還有所有介於兩者之間的貓。對達爾文來說，並沒有一種「貓」的原型，而是各種不同的差異，組成了貓這個物種，任何其他物種也是如此。[4]就我們所知，這種差異是隨機的。新的基因突變會到來或會是什麼樣子根本無從說起。在貓的物種中，毛的長度就有非常多種。

再者，在寒冷的環境中，長毛貓會比短毛貓容易存活。因此，長毛貓生的小貓比較多，也會把長毛基因傳下去。下一代的貓會比上一代生出更多長毛貓。

第三……沒有第三了，就這樣了。貓的族群演化出較長的毛，那就是自然淘汰。

也是**演化適應度**的意義。適應度只是長期且成功的繁殖。在這種情況下，長毛貓較能適應。肌肉發達但沒有後代的動物可能「身體健康」，但演化適應度為零。

要注意的是**未**發生過的事。貓並沒有全都發展出較長的毛。個別的貓並沒有變化。長毛貓有長毛，短毛貓有短毛，就是那樣。真正發生的是長毛貓生的小貓多，短毛貓生的少。演化無法在一個世代發生，反而是代代相傳，而長毛貓就變得比短毛貓多。

另一件事並沒有發生：自然淘汰除了貓的正常生命歷程外，並不需要讓任何貓真正死亡。最成功的貓會留下較多後代，較不成功的留的就較少。有可能其中一些小貓死亡。但並沒有發生「最適者」殘殺較不適者的血腥戰爭。

所以別讓任何人告訴你演化是隨機的。自然淘汰影響到所有外觀的遺傳變異都是隨機的，但自然淘汰並不是——在這個例子中，自然選擇了最符合自然法則的貓，也就是毛最能維持本身體熱的貓。你可以等貓的族群純粹靠運氣演化出較長的毛等一輩子，但自然淘汰會把方向性加諸演化之上。

但演化還有一種隨機的元素。環境變冷對我們和貓一樣都無法預測。你可以把這當作隨機事件。環境也可能隨時變暖，這樣短毛貓就較能適應，而演化的方向也會改變。

達爾文深切意識到到他正把神祕的演化過程帶進自然法則的領域中，就像牛頓把地球和天上事物的運動帶進自然法則的領域中。《物種起源》可能是現代世界最知名且最有影響力的著作[5]，在書中最後一段，達爾文寫道：「這個星球根據固定的重力定律一直轉。」[6]一七八四年，哲學家伊曼努爾．康德（Immanuel Kant）寫道不會再出現「為了一株草而生的牛頓」[7]。但達爾文已經成為那個人了。然而過程中，他並沒有讓演化的過程造成完全可以預測的結果。相反的，他將混亂、隨機的遺傳變異和環境的改變與自然淘汰有秩序的過程結合。

這是全新的思考方式。命運不再存在，所有發生的事不再是命中注定——除非你真的知道宇宙中的能量和每個分子、原子的質量，否則你永遠無法預測宇宙的未來如何，也不是只存在混沌。

為了了解自然淘汰，達爾文廣泛研究**人工選擇**（artificial selection），例如作物和家畜的育種。這實際上是相同的過程，但成功的法則和自然淘汰不同。以人工選擇來說，養殖者決定下一代要繁衍哪些動物或植物。達爾文並未只依循科學家同儕的說法，還與作物及家畜的養殖者互動，特別是鴿子的養殖者。這樣他可以直接從他們身上獲得這種過程的資訊。[8]

達爾文藉著研究人工選擇，學習到兩件重要的事，都和自然淘汰相關。首先，野生物種含有大量遺傳（他稱為可遺傳的）變異，我們肉眼看不見，但可以一定程度由養殖者從族群中萃取出來。所有養殖鴿的奇特特徵，例如花枝招展的羽毛都會出現，但藏在野生鴿子中。第二，他發現選擇如果強而持續，就會快速出現。人工選擇強而一致，並在短短幾百年選擇性繁殖的時間內，製造出驚人的動植物物種。這比野生環境演化一般要花上幾百萬年短得多。但在野生環境中，選擇很少這麼強而一致。

今天了解自然淘汰對我們來說極為重要，因為這造成了抗藥性病毒和細菌的演化。抗藥性菌種因過度使用這些藥物而經選擇出來，因此藥物對抗疾病的效用越來越低。即使這出現在家庭和醫院的人為環境中，仍然不是人工選擇，因為醫藥研究者並未「嘗試」製造具抗藥性的細菌。

我們通常把繁殖作物和養殖家畜視為人類加諸在動植物上的事物。但如同之前章節所解釋，選擇會雙向出現。作物和家畜並不單純是我們的奴隸。我們選擇高報酬的變種玉蜀黍讓玉蜀黍成為好幾百萬英畝的農地中主要的作物，賦予玉蜀黍唯有藉此才能獲得的演化適應度。[9]一位作家甚至建議某些族群的動物應「選擇」馴養，以提升本身演化上的成功機率。[10]

## 多樣性的演化

自然淘汰也讓我們得以了解新物種的起源。想像一下四千萬年前，整個北半球相對溫暖，古代毛較少的大象族群居住在這裡。然後冰河時期來臨。古代的大象要是居住在溫暖、陽光充足的南半球，就維持無毛，並演化成印度和非洲的大象。留在寒冷北方的大象則演化成有毛的大象，我們稱為猛瑪象和乳齒象。由於在這個過程仍持續進行時，大象族群未同物種雜交，自然淘汰因此產生了不同的厚皮物種。

有很多不同的方式可以成功。自然淘汰製造出許多不同種類的適應方式。要調查這些適應方式就得背下生物學全部。但我只會使用我最喜歡的一些有機體作為例子：樹木。橡樹、棉白楊和赤楊木提供了三個例子，說明樹木如何在各種環境條件下生存並繁殖。

橡樹生長在相對穩定的環境，一棵樹能合理預期生存幾百年而不會遭破壞死亡。在這些條件下，從科學家的觀點來說，一棵樹投入很多資源長久生存「很合理」：例如製造出強壯的木材。製造強壯的木材很花錢，這就是為什麼橡樹長得慢。但何必要急呢？樹木可能有機會活上好幾百年。

相較之下，棉白楊沿著河、溪和湖生長。這種地方的每棵樹因為洪水而遭破壞死亡風險很高。能夠活好幾百年的樹很可能不會這樣。成功的樹木就像詹姆士・狄恩（James Dean）一樣，生活快速、英年早逝。棉白楊長很快，可能在下一次洪水到來前就製造出種子。棉白楊的樹幹會製造出脆弱的木材，製造可以存留幾百年的木材沒什麼意義。脆弱的木材往往木質部很大，可以運送很多水到樹葉，讓棉白楊快速生長。沒有在頭一百年遭破壞死亡的棉白楊很可能不久後就因為年老而倒下來。

還有第三種適應的方式，赤楊木和柳木就是使用這一種，這兩種樹也生長在水路旁。它們製造出許多小樹幹而非一個大樹幹（所以它們是灌木而非樹木）。樹幹不會活很久，但地底下的樹叢可能存活好幾百年。洪水來了就破壞樹木造成死亡，隔年甚至更快，新的樹幹就會從樹叢中冒出來。

我們在這裡看到三種樹木生長的適應方式，功效一樣良好。橡樹的生長模式對高地森林穩定的環境來說很好。棉白楊和赤楊木的生長模式對水路旁不穩定的環境來說也很好。就我看來，棉白楊和赤楊木展現出兩種截然不同的生長模式，看起來似乎也都是適應沿岸環境的適應方式，兩者功效一樣突出。

利於任何能發揮作用的條件，這製造出多樣到驚人的適應方法，因為每個演化譜系都以不同方式適應同樣或不同的條件。

## 持續進行的人類演化

從我們的演化起源開始，人類就持續在生物上演化。然而，我們演化主要並不是為了因應自然環境的改變，而是為了因應**我們對自身環境造成的**改變。事實上，我們造成了自己的演化。舉例而言，誠如前面章節所提，有些人類的族群想出了農業，那些族群後來大致上就依賴含大量澱粉的作物。自然淘汰有利於較擅長消化澱粉的族群中。此外，有些族群的人想出如何放牧動物，並飲用牠們的奶。年幼的哺乳類動物可以消化乳糖，但成年的哺乳類動物卻罕有這項能力。不過人類的成人中，放牧家畜的人比沒有的更有可能有能力消化乳糖。[11]這些都是遺傳、演化的改變，因自然淘汰出現在人類族群中。

在大多數例子中，人類會發明了一些方式解決我們遇到的問題。這包括乳糖不耐症的問題。人類發明了起司、優格、克菲爾牛奶酒等，作為保存牛奶避免腐壞的方式，微生物分解乳糖也讓牛奶更容易消化。假如環境變冷，我們不是演化出較長的毛髮，而是發明衣服。如此一來，我們無毛、熱帶的身體就可以生活在偶爾寒冷或持續寒冷的環境中。科技是我們最重要的適應方式。

## 萬物的演化

自然淘汰也適用於萬事萬物。自然淘汰並不只解釋了有機體，例如貓的演化，還解釋了其他所有事物的演化。[12]

甚至連科技也會演化。[13]如果有人想出一個好概念，這個概念就會傳給其他人。概念活在人的大腦中，就像有機體活在自然環境中一樣。整體的概念中，好概念會比壞概念複製得更快，就像有些有機體會繁殖較多一樣。這也是自然淘汰的一種類型。

好的概念不一定要合乎道德或正確才能在人類大腦內經自然淘汰而傳播。我認為今天說「馬爾杜克（Marduk）是偉大的神，祂希望我們除掉你！」是錯誤的概念，但這個概念卻透過巴比倫人的想法傳播，並激勵他們征服其他部落，打造出世界上第一個帝國。無論這概念多令人反感，都還是成功了。征服者奪下奴隸和農地，讓他們可以餵養馬爾杜克的概念存在的大腦。

自然淘汰也解釋了科學論文越來越容易出錯的原因，這我在前面章節就討論過。科學補助和工作機會競爭激烈，在這樣的世界裡，正確還不如搶第一來得划算。[14]這和發現自然淘汰的達爾文理念南轅北轍，達爾文發表《物種起源》之前，研究了這個概念二十年。達爾文說現代科學家急著發表，而他創世論的批評者發表的對演化的攻擊欠缺深思熟慮，沒有一個可以說「我並不是匆忙得出結論」。[15]

因此，概念會因自然淘汰演化。[16]無論本身品質如何，成功的概念就是流傳最廣的概念。這就是為什麼粗劣的小說往往銷售量超過傑出的小說。我們應該都同意狄更斯的《小氣財神》（*A Christmas Carol*）是傑出的小說。這部小說改編成無數電影和學校話劇，演化成許多形式，堪稱狄更斯演化上最大的成功。但小說第一版並不如他預期的在商業上獲得成功。他自費出版了《小氣財神》，大概賺了兩百三十英鎊，而非他預期的一千英鎊。[17]但《小氣財神》讓狄更斯在概念的世界裡永垂不朽。我不知道他是否有還在世的後代，但他的確活在好幾十億人的大腦中。如果概念間彼此接觸，也更容易成功傳播。概念不只在大腦中，也在大腦互相連結的社會中演化。[18]

自然淘汰也可能出現在電腦**之中**。有一派的電腦科學稱為「演化計算」（evolutionary computation）。[19]以下就是演化計算運作的方式。想一下一台設計引擎零件的電腦。程式設計師輸入零件的設計，這設計或許很好，又或許一無是處。電腦產生這個設計微小的隨機變化。

這些變化加上原始設計組成了一個總體，這個總體並不是活在森林或海洋，而是在電腦的記憶體之中。然後電腦會選擇在那個特定引擎的環境之中，運作最好的變化形式。接下來電腦會產生另一套變化，接著再選擇最好的一個。電腦重複這樣運作，這是它的專長，而且不會累。每秒萬億次浮點運算幾次後，你就擁有了看起來設計精良的引擎零件，製造方式不過是重複進行隨機變化和自然淘汰。

自然淘汰也會發生在電腦**之間**。網路空間這個互動的生態社群可能和森林或海洋中一樣複雜。網路空間中很多「物種」很危險。「垃圾郵件」大多只是煩人而已，但病毒就可能感染電腦。**生物**病毒並不是有機體，而是資訊（DNA或RNA）的一段，通常受到蛋白外鞘保護。生物病毒取得細胞製作它們的副本，並將這些副本送出感染其他細胞。**電腦**病毒雖然不是硬體一部分，但是以相同方式以少量軟體讓電腦製作其副本，並傳送到其他電腦。就像有些生物病毒相對無害，有些電腦病毒也只不過是無害的複製者。但在很多例子中，電腦病毒留下一些指示（通常稱為惡意程式），會傷害電腦或竊取使用者的個人資料（而且會對所有接收到病毒的電腦如法炮製）。就像掠食性動物和獵物被鎖在一個演化螺旋中（獵物必須演化出面對掠食性動物時更好的保護方式，而掠食性動物必須演化出更能偵測獵物的能力），電腦程式設計師也一樣：有些會設計對抗病毒更好的防護方式，有些會設計病毒和惡意程式避開防護。有些垃圾郵件和病毒本身會自動自我變化，以便躲過垃圾郵件和病毒偵測。

自然淘汰或許解釋了整個宇宙萬物。我現在要大致說明的概念不太正規，有些人還會認為很荒謬，但你不能否認它的吸引力。那就是物理學家李・斯莫林（Lee Smolin）提出的「多產宇宙」（fecund universes）假設。[20]他提出問題，問為何通用常數（例如重力）「剛好」可以製造出恆星，然後因此可以製造出行星，而又因此可以製造出生命？這些常數所有可能的數值剛好都落在正確範圍的機率極低，這等於是說我們的宇宙幾乎不可能存在。事實上，幾乎不可能存在一個宇宙有能力製造恆星，更何況是生命。只有大質量恆星能製造碳原子，而碳原子正是生命的基礎。只有大質量恆星毀滅時，才能製造出黑洞。但我們就在這，一個具有恆星、碳原子和黑洞的宇宙。有些人聲稱這就是上帝存在的證據：只有上帝能做到這些事。斯莫林則提出不同解釋。

史蒂芬・霍金（Stephen Hawking）提出一個概念，認為每一次一個黑洞形成，就有一個新宇宙在裡面。[21]這樣假設有何不可？反正從沒有人知道黑洞裡有什麼。現在宇宙中可能有好幾兆多產的黑洞。也就是說，我們的宇宙正在複製之中。再進一步假設，有個宇宙製造出黑洞，並從中冒出來，而這些嬰兒宇宙每一個的常數都和這個宇宙略有差異。

這是宇宙相等於遺傳變異的地方。這些嬰兒宇宙有許多會具有可能製造出恆星的常數。事實上，大多數嬰兒宇宙會自我塌陷，誕生時便在飛秒內滅亡。一些嬰兒宇宙偶然會具有正確範圍的常數，讓它們可以存在幾十億年，製造出很多恆星和新的宇宙。具有正確常數的宇宙藉由此過程，就能夠複製出和它們本身相近的宇宙。這就是為什麼大多數宇宙和我們的宇宙很相近。這就是為什麼我們的宇宙不應該那麼驚人——它不過就是典型的宇宙。

你可以把這想成是以宇宙為規模的自然淘汰：較弱的宇宙可能立刻滅亡，而強大的宇宙會存活很久，而且有複製能力。不管有沒有用，我喜歡這樣。當然，因為我們永遠無法了解其他宇宙，而這個概念會一直無法驗證。

我們生活在一個宇宙中，或許是一個多元宇宙，自然淘汰在每個地方都運作。這就是為什麼我認為達爾文的洞見是人類有史以來最重要的概念。我們生活在一個宇宙，而自然法則會隨機製造秩序，但這種秩序並不是可以預測的結果，也不是任何神明的意志展現。

**自己動手做**

想一個你熟悉的事物（物品、流程或藝術形式），並解釋這如何演化。

# 第十八章　重新發現人性

所有的大問題中，宗教、哲學和文學最常主張專屬於本身學科的問題，就是人類何以為人類。那就是為什麼這種綜合的研究領域稱為「人文學科」。但科學中蘊含很多關於人的意義，遠遠不只是描述人類器官和生理過程而已。

錯誤的人性理論很多。首先是基本教義派的宗教觀點，這表現在上帝對諾亞宣告大洪水即將來臨時所說的話。上帝說人心思想「盡都是惡」[1]。耶利米（Jeremiah）則說：「人心比萬物都詭詐，壞到極處。」[2]而古老的蘇俄觀點則認為人類具有可計算控制的本質。政府強加的教條和人民歷經幾個世代後，就會演化成精良的戰友，不再需要以獨裁方式統治。還有人認為人性盡是良善，只要我們把社會中人為的邪惡影響阻擋在外即可。但上面說的都不是人性。

那什麼是人性？人性是善或是惡？科學所提供最偉大的洞見之一就是人性兩者皆備，會這樣說有很好的理由。人類演化後通常會善待對族群**內部**的人，但對**外部**的人就會顯現惡意。我在這裡指的是科學家說的物種內部**利他行為**，而非**互利共生**，也就是物種間的合作。你可以將利他行為定義為**善有善報**。[3]

長期以來，演化科學家對一種動物何以對另一種動物友好的謎題百思不解——你也可以說，為什麼動物有時候會彼此相親相愛。假如演化只是純粹冷酷無情的競爭，那為什麼有動物會對彼此友好。這當然不只是演化的問題，也是創世論者的問題。假如友好是不智之舉，那即使在創世論者所承認宇宙存在短短幾千年的歷史中，表現友好的動物也會絕種。上帝必須時時將新的愛注入自然世界中，用維生系統保持愛存在。

在緊密的人類族群之內（史前時代就是村莊），有各式各樣的理由讓人善待彼此。善待彼此有助他們將基因傳給後代，這是演化成功的關鍵。

首先，很多村莊裡的人彼此是近親。你可以有自己的小孩傳遞基因，小孩會**直接**接收，也可以幫助親戚照顧小孩，他們會**間接**傳遞部分你的基因。就傳遞基因給後代的效果來說，幫助親戚成功撫養小孩並不如自己有小孩，但有一半有效，或四分之一有效，或八分之一有效，這取決於他們和你親戚關係多近。這種適應度稱為**整體適應度**（inclusive fitness），因為這包含你親戚的小孩，而不只是你自己的而已。[4] 作家一直都知道血濃於水，但直到二十世紀，科學家才想通這點。

第二，為了有適應性，你不只要有後代，還要後代成功生存下來。演化獎賞那些為人父母的動物，不如那些成為祖先的多。為了成功生存，年輕的後代需要資源，無論是食物或社會機會。在人類、黑猩猩、大猩猩或狗這種群居物種中，獲得資源最好的方式之一就是和族群裡其他的動物合作。以科學的詞彙來說就是**互惠**（reciprocity）——我為另一個人做了件好事，我就獲得某種資源作為回報。我是說資源，而不只是溫暖、模糊的感覺。這就是**直接**互惠。[5]作家一直都知道這點。《聖經》中的〈傳道書〉（Ecclesiastes）的作者傳道者（Qoheleth）近三千年前就說：「若是跌倒，這人可以扶起他的同伴；若是孤身跌倒，沒有別人扶起他來，這人就有禍了。」[6]但再次說明，科學家直到二十世紀才想通這點。

第三，即使受惠者永遠無法報恩，還是可以對無助的人慷慨。慷慨的人會在看到或聽聞善舉的人間傳出名聲，大家會認為值得信賴。在銀行，名聲比金錢有價值。如果你名聲好，通往各種資源的大門都會為你敞開。這是**間接**互惠，因為獎賞間接來自觀察者，而不是直接來自受惠者。[7]關鍵就在好人的慷慨**別人看得到**。直接互惠會以幾個好朋友獎賞你，你可以向他們求助，他們也可以向你求助。間接互惠用一整村的人獎賞你，他們都願意幫你忙。[8]再次強調，作家一直知道這一點。

艾比尼澤．史古基（Ebenezer Scrooge）是文學中最有名的角色之一。他膝下無子，也沒有幫忙他的外甥撫養小孩。他沒有直接或整體的適應度。他對直接接觸的人尖酸刻薄，而且拒絕幫忙窮人，因此放棄了直接和間接互惠。他是演化上的失敗品。

利他行為是你的作為。但同理心這種強化利他行為的情感也給予了演化適應度。[9]同理心和愛——是你的感覺。在很多例子中，自然淘汰對兩者都有利。這就是為什麼當好人會感覺很好。10

有些演化科學家抗拒利他行為可能是演化產物的概念。他們總是指出一個明顯的問題，認為自私的騙子會搭到其他人慷慨無私利他行為的順風車。但演化賦予動物兩個機制避免發生這種情況。

首先，是智慧。人類有足夠智慧記得誰能信任、誰不能。智慧不只是記憶事實的能力（智力智慧），還有注意潛意識訊號的能力（情緒智慧）。厄尼斯特・海明威（Ernest Hemingway）說，大多數人內建很好的屁話偵測器，讓我們可以分辨假裝成合作夥伴的騙子。這些訊號在面對面接觸時幾乎可以立刻注意到。你看著一個人的眼睛，潛意識就能明白要不要信任那個人。

第二，是甜蜜復仇的情緒。沒有一種憤怒會像對騙子一樣激烈，這就像你對他人好，然後那個人從背後刺你一刀一樣。很多文學作品討論的主題，就是如何解決對背叛我們信任的人的憤怒。

當然，在史前村莊中內還有其他社會動力在運作。舉例來說，支配階層就是一種。你知道誰是雄性領導者，就是那樣。但無論在人類的村莊或一群黑猩猩中，雄性領導者取得權力多半是因為利他行為，而非蠻力。他們必須在自己親近的朋友群中，利用互惠贏得支持。如果你要的話，也可以在狐群狗黨裡這麼做。

但在村莊之外，自然淘汰就對暴力有利。從一個村莊來的戰士可能會屠殺另一個村莊的居民，而且感覺非常愉快。受害的村莊並未承載征服者的基因（直到男性征服者讓那裡的女性懷孕為止），而且往往不會提供征服者任何互惠。

我們繼承了兩種本能：復仇和對外人毫不手下留情的「邪惡」人性本質，強化了村莊裡利他行為的「良善」人性本質。愛與恨兩套情緒蠢蠢欲動，等待上場。整個人類歷史中，我們一直在延伸族群的界限，現在我們已經很習慣感受到對世界上所有人的利他行為。[11]

## 所有人都是平等的嗎？

科學對此也有幾句話要說。簡單回答的話答案是肯定的。人類種族從共同祖先產生分支不過是過去十萬到二十萬年前的事。除了之前提到澱粉和乳糖消化的例子之外，時間可能還不足以發生任何顯著的演化。此外，自然淘汰無論在世界上任何身體瘦弱的人類移居之地，都對創造力以及智慧有利。

誠實的思想家長久以來一直認為，有些種族以及種族內的上層人士「天生」（之後是遺傳上）較優於其他種族或種族內下層人士的概念，不啻是無稽之談，甚至更等而下之。納粹就企圖孕育出純種的亞利安人。二次大戰後很多年，這些特別孕育的人彼此相遇，他們發現自己和其他人並沒有哪裡不同。[12]

傑佛遜個人了解許多歐洲皇室成員。他不只相信君主世襲制錯誤，也知道他們很愚蠢。他強烈相信民主是應遵循的正確道路，而且有必要給予每位公民機會，躍升民主社會的頂端，以清除君主制社會中像浮渣一樣的蠢人。一八一〇年，傑佛遜寫了一封信給州長約翰・蘭登（John Langdon）。[13] 信上寫道：

> 把任何種類的動物關起來，讓牠們無所事事，什麼事也不做，無論那裡是豬圈、畜舍或議事廳，都用高營養的食物細心照顧，滿足牠們所有的性需求，讓牠們沉浸在性慾中，然後消除任何會讓牠們思考的事物。幾個世代之後，牠們就只剩身體、沒有靈魂。而我們也依循那種法則，時不時改變我們為滿足私慾所飼養動物的特質和習性。這就是培育國王的體系，他們已經持續這種方式好幾百年了。路易十六是個笨蛋。西班牙國王是個笨蛋，拿破崙也一樣。薩丁尼亞（Sardinia）國王是個笨蛋。這些都是波旁王朝的人（Bourbons）。葡萄牙皇后是布拉干薩王朝的人（Braganza），天生就是笨蛋。丹麥國王也一樣。普魯士國王是偉大腓特烈（Frederick）的繼承者，但他身心都跟豬沒有兩樣。瑞典的古斯塔夫（Gustavus）、奧地利的約瑟夫（Joseph）真的都瘋了，而英國的喬治你知道的，還穿精神病患的約束衣。這些動物已經沒有心智，而且無能，世襲的君王經過幾代之後就會變成這樣，無一例外。關於國王的這本書到此結束，他們都是上帝帶給我們的。

科學顯示過去種族歧視和壓迫的觀點根本是錯的，而科學也是持續領導打破種族及國家間藩籬的幾個重要力量之一。

但有時候科學家就像其他人一樣，行為可能沒有多加思考，以致看起來像帶有種族歧視。歷史上大多數科學家是白人男性。這種情況正快速改變，但科學還是白人、男性比其他族群的人多。無論是史前時期殘存的或現代社會的參與者，白人男性科學家大駕光臨部落研究，部落該怎麼想呢？很多美洲原住民部落拒絕參與ＤＮＡ檢驗，這種檢驗目的是重建他們過去的遺傳史。他們常害怕ＤＮＡ檢驗是另一種白人的工具，目的是延續迫使他們離鄉背井的過程。很多藥物的化合物最早是在熱帶植物中發現，而全世界居住在熱帶森林的部落常將他們的醫藥知識與白人研究者分享，而白人企業因此致富。

科學家真的正努力處理這個問題。藥品研究者不會在未經許可的情況下，使用從原住民那裡獲得的任何知識。可能的話，也不會沒有補償就使用。近來有些科學家不只是把原住民當作資料來源，也開始歡迎他們擔任共同研究者。一位科學家將對他最有幫助的亞馬遜原住民阿夫卡卡·庫依庫洛（Afukaka Kuikuro）列為一篇重要論文的共同作者，庫依庫洛就屬於庫依庫洛族。[14]

## 宗教本能

很多人認為科學是宗教的敵人。隨著科學進展，宗教絕望地退守一邊。其中一個這樣想的人就是傑佛遜。他寫道：「不同宗教派系的神父都害怕科學的進展，就像女巫害怕日光到來一樣。致命的預兆宣告要分割他們據以為生的騙術，於是他們怒目以對」[15]天啊，我真希望自己說過那樣的話。你對科學越了解，宇宙中分給上帝的空間就越少。你也明白，**非宗教的科學解釋永遠管用**。我們假設沒有上帝的說法從來不會讓我們的解釋失敗。

我們和那些圍著營火的史前人類有一樣的大腦。宗教生長在我們的大腦中。我們總是會合理化事情，有時會運用理性推斷。你期待這樣的大腦對宗教客觀嗎？我的大腦當然沒辦法。無神論者或宗教信徒也沒辦法。

很多人認為達爾文式的演化是對上帝最終的攻擊。但實際上，心理學才是宗教最強悍的敵人。根據科學家安德魯・紐伯格（Andrew Newberg）及尤金・達基里（Eugene D’Aquili）的說法，我們可以發現**大腦**對所有發生在人類**心靈**的事都有偏見：快樂、恐懼、憤怒、肉慾，甚至連宗教經驗也是。[16]也就是說，心理學可以解釋關於宗教經驗的一切，甚至是過去視為和惡魔相關的癲癇等現象。再者，宗教或許是人類難以拔除的一塊。[17]蘇俄曾試圖摧毀宗教，但並未成功。尼古拉斯・莫斯利（Nicholas Mosley）的小說《有希望的怪物》（*Hopeful Monsters*）

中，就有一張令人難忘的圖講這一點。小說中，兩個蘇俄的兒童有一個祕密洞穴，藏著東正教的聖像。[18] 甚至連某些無神論者在他們的祕密時刻也感覺到受宗教吸引，就像大部分人受巧克力吸引一樣。

這種對宗教的探索留下懸而未解的問題，一直停留在我們心中：我們怎麼知道孰是孰非？很多人堅稱科學不能回答這個問題。其實文學或宗教也不能，但科學可能比其他我知道的所有方式更能回答這個問題。山姆・哈里斯（Sam Harris）主張我們可以以科學作為道德的基礎，他說得有點過頭了[19]，但我認為他的概念正確。我相信任何促成利他行為的事物（我們大部分人稱為愛）都是良善的，會破壞利他行為的都是邪惡的。科學幫助我們稍微更了解人類愛的能力來自何處。

對那些想找到更清楚的**外部**證據以證明上帝存在的人，祝你好運。我真的這樣想。事實上，恐怕沒有這樣的證據。但尋找證據證明上帝存在時，要注意這會引導你到何處。傑佛遜的另一段話最適合在此作為結尾：「連上帝存在都要大膽質疑，因為如果真有上帝，祂必定贊同頌揚理性，超過對盲目恐懼致意。」[20]

## 自己動手做

我確定你可以想到很多人類做過的真正無私的行為。選擇其中一件事，並思考即使行事的人並不自私，自私的自然淘汰如何推動行為模式演化。

# 第四部 科學在世界上的角色

科學和科學家應該在世界上扮演什麼角色？科學家可以把時間都花在研究自然世界享受其中，忽視對其他所有人帶來的後果，但這樣的日子已經過去了。之前解釋過，科學發現對人類如何看待自己在宇宙中的地位有所影響。同樣地，科學發現也影響人類身為個人及社會與世界的群體，決定該做什麼。

之前幾個世紀，世界可以自我保護。但現在所有的人類活動都緊緊相繫，對自然世界產生衝擊，我們不再仍讓世界自生自滅。根據《地球．地殏》（*Eaarth*）的作者比爾．麥奇本（Bill McKibben）說法，人類活動將地球改變成與其四十五億年生命大半時間面貌相當不同的星球。[1]假如我們人類使用科學探究產生的知識，就可以阻止我們面臨的危機。

如我在前言所提，我們最需要的不是來自科學的知識，而可能是科學的思考方式。國會成員中科學家數目稀少，其中兩位分別是共和黨的弗恩．埃勒斯（Vern Ehlers）和民主黨的魯殊．霍爾（Rush Holt）。[2] 他們在國會中運用科學思考的機會比運用科學的機會多。

這些章節會顯示，科學理應在政治決策上扮演重要角色，但結果往往並未如此，而最好的科學家靈感來源是公共服務。

# 第十九章　政治世界中的科學家

科學的過程及其產生的知識對人類未來生存至關重要，人類生存主要掌握在政治和經濟領袖手中。他們大都忽視科學，有時候還因此沾沾自喜。在這樣的情況下，科學家要是得出政治人物不喜歡的結論，就幾乎難以避免政治化。

## 反科學的政治人物

政治和經濟領袖都差不多忽視科學。他們似乎認為自己可以宣稱某件事為真，然後忽視與此矛盾的所有科學證據。有時候政治領袖甚至似乎會認為他們可以凌駕於自然法則之上。以下是一些例子。

北卡羅萊納的立法機關下了命令，無論海洋真正的情況為何，海平面都是以線性速度上升，而不是加速度上升。[1]這讓我想起克努特大帝（King Canute）的老故事。克努特大帝於維京丹麥（Viking Danelaw）時期統治英國，他告訴潮汐不要上升。但克努特大帝這樣做是為了展現他雖然是國王，但也**無法**控制自然的力量。

我們很多的政治領袖並沒有興趣了解全球暖化的真相，但很少有人像快退休的眾議院議員拉瑪爾・史密斯（Lamar Smith）那麼充滿敵意，他是來自德州的共和黨員。離奇的是，他領導了眾議院科學委員會。他聲稱他從沒看到證據，證明大氣層中二氧化碳濃度逐漸上升有害。[2]為了回應，委員會中為民主黨工作的職員印出堆積如山的科學論文，證明了史密斯從沒看到的東西就是證據。二〇一三年八月九日，《科學》雜誌刊出了一張令人震驚的照片，照片中史密斯根本完全忽視那一堆論文。所以，他到現在還是沒看到證據。

許多政治人物對科學展現的敵意並不完全是因為極度愚蠢和貪婪。另一個原因是有些政治人物或許實際上真的想自我感覺良好。思考一下全球暖化否定說好了。事實上，假如美國是世界（人均）碳排放量第一名的國家，而感受到全球暖化大多數效應的，卻是世界上的貧民（非洲的旱災和饑荒、亞洲毀滅性的季風），那我們對財富豪奢的追求似乎就會殺人。我們不希望在追求財富時，把自己想成殺害了別人。所以我們編造了一個故事，故事中我們的碳排放量事實上並未造成全球氣候變遷。[3]

但政治人物忽視科學還有第二個理由：科學不是制定法律或賺錢過程的一部分。舉例而言，議員的工作就是撰寫法案，把附加條款偷偷塞進別人寫的法案中。假如你是不知道這怎麼做的議員，事業就會失敗。企業領袖必須找到自己的方式，穿越股東和管理的叢林，就像某些科學家必須找到自己的方式穿過真正的叢林一樣。甚至連那些尊敬科學的政治和企業領袖可能也沒有太多時間留給科學。

其中一個政府嘗試控制科學最極端的例子，就是史達林統治下的蘇聯，當時蘇聯設法壓制遺傳學。西方世界擁抱有機體會遺傳祖先基因的概念，也接受生活環境不能改變這些基因的想法，但蘇聯卻悍然抗拒。蘇聯顯然相信有機體可以變成任何你強迫它變成的東西。這代表就人類來說，並沒有以遺傳作為基礎的人性。

相反的，每個人都可以養育成小小好共產黨員。尼古拉・瓦維洛夫（Nikolai Vavilov）的農業研究表現出基因決定了特性，例如作物理想的特性。這種觀點威脅到蘇聯哲學。史達林主義者反而較相信特羅菲姆・李森科（Trofim Lysenko）提倡的偽科學。李森科宣稱他可以強迫作物在新的條件下生長，培育出新種類的作物。[4]瓦維洛夫死在獄中，而李森科卻受國家支持，功成名就。[5]但最後，後史達林的蘇聯領袖悄悄遠離了李森科的觀點。蘇聯科學家在李森科欺騙下未能種植讓蘇聯農民生活的作物，無法估計有多少農民為此挨餓。

政治中反科學的偏見大多數例子牽涉到保守派，但自由派也不是全無偏見。在大多數例子中，這些偏見對科學進展的影響很小，例如有些積極人士反對風力發電機是因為機器有時候會殺死鳥類和蝙蝠。（它們會，但不像全球氣候變遷那麼嚴重，而風力發電機有助於減少全球氣候變遷。）自由派人士對接受基因改造生物（GMOs）與否具有重大影響。基改生物事實上不會比其他任何人工培育的生物危險，沒有理由要害怕它們本身。當然，就像任何科技一樣，基因工程可能遭到濫用。但特別是在歐洲，出現許多左翼和極度情緒化的抗議，反對任何形式的基因改造生物。光嘗試向真正的自由派人士談論基因改造生物，你就可能感覺像和真正的保守派人士談論全球暖化一樣。煤炭和石油企業會資助緊密策畫的反環保運動，也支持一些組織。但連在這裡，和這些運動、組織相比，效果都很小。極端保守派人士和極端自由派人士可能都一樣有錯，但保守派勢力較大。

有好幾本書已經出版，討論我們的政治領袖如何忽視科學，甚至抱持敵意，而許多科學人的手（實驗室科學家精巧的手、田野科學家粗糙的手）試著解開為何會有這種狀況。當然，科學家往往會責怪自己。舉例來說，我們這些教授本來可以讓我們的課程更有趣。那些興趣缺缺的學生接下來就成為我們的政治和商業領袖。但我不接受這種說法。事實上，的確有些無聊的科學家和科學老師。但我們大多數的課教的學生修課時都覺得課程很有趣。但課一修完，他們就把內容忘得一乾二淨。這些學生並不笨。只是他們在企業或政治（除了以科技為基礎的企業外）的工作發展出一種心理面貌，對科學冷漠或抱持敵意。

## 菸草的例子

我預測不久之後，每個人都會很清楚全球暖化的事實，就像我們現在了解否認抽菸和癌症間的關係有多愚蠢一樣。但否認抽菸和癌症間的關係並不是因為愚笨。反科學的遊說者過去不笨，現在也不笨。菸草公司刻意資助不實資訊的廣告活動，內容與抽菸對健康的危害有關。讓我們更仔細看這個例子。

大型菸草公司因銷售產品而賺了很多錢，而售出的產品大多是香菸。聯邦政府規範銷售產品範圍，以保障產品不會危害消費者。產品安全的政府規範從一百多年前就開始，至今拯救了無數生命。同時，產業銷售安全產品也成效良好，和銷售不安全產品一樣有利可圖。因此，菸草公司希望消費者認為它們的產品很安全。再者，有一個假設是我們整個經濟體系的基礎：消費者能自由選擇是否要買一樣產品。上癮的消費者無法自由選擇**不**買自己上癮的東西。菸草公司兩者都失敗：它們的產品不安全，而且會上癮。菸草公司自然會想壓制這些事實，而有很長一段時間它們完全沒事。

菸草公司第一個想壓下的真相就是抽菸可能害死你。幾十年來，人們都知道抽菸的人比較容易得肺癌、肺氣腫還有很多其他致命的問題。抽菸和肺癌頻率增加具有相關性。肺癌雖然不是最常見的癌症，但過去和現在仍是癌症主要**死因**之一，而絕大多數的肺癌患者過去或現在會抽菸。

但你如何證明抽菸**導致**肺癌？其中一項證據是先抽菸才有癌症。不可能是反過來。還是可以？你一定可以說不健康的人選擇抽菸（或許這讓他們覺得比較舒服），而同樣這些不健康的人得到肺癌的風險較高。另一個因果關係證據是抽菸和暴露於煙霧的特定身體部位得到的癌症有關。舉例來說，抽菸並未和皮膚癌強烈相關。這些並未絕對證明因果關係，但卻是足夠強大的證據，聯邦政府不得不從一九六〇年代開始，要求在香菸包裝上附上警語，而政府也在一九七〇年代禁止電視和廣播上播放香煙廣告。儘管菸草業聘用科學家質疑證據，還是出現這種情況，但這些科學家並不是醫藥方面的專家。[6]其中最知名的是物理學家弗雷德里克．賽茲（Frederick Seitz）。

最後終於找到因果關係的證據。到了一九九〇年代，科學家已經發現香菸的煙霧（苯芘）中，哪種化合物會致癌以及何以致癌：這種化合物會與p53腫瘤抑制基因結合，使其變異，而p53腫瘤抑制基因是預防癌症的基因之一。[7]

第二個菸草公司希望壓下的真相是菸草會上癮。科學家已經知道尼古丁成癮這件事很久了。然而，國會一九九四年時傳喚主要菸草公司的主管作證，他們**全部**舉手發誓他們不相信尼古丁會上癮。[8]大約同個時期，其中一家菸草公司一名員工影印了部分內部研究文件，發給《美國醫學會雜誌》（*Journal of the American Medical Association*）。[9]這些文件證明菸草公司從內部祕密研究中，就知道尼古丁會上癮。企業研究人員甚至把香菸稱為——尼古丁輸送設備（NDDs）。他們不僅知道他們正在販賣會上癮的產品，還知道上癮本身就是他們的產品。（羅素克洛〔Russell Crowe〕的電影《驚爆內幕》〔*The Insider*〕就在講這個故事。）

菸草公司不但知道上癮本身是他們的產品，也知道大多數癮君子很年輕就開始抽菸。他們因此把一些非常成功的廣告宣傳重點放在年輕消費者身上。「駱駝老喬」（Joe Camel）是特別成功的形象，讓年輕人認為抽菸很酷。

一九九〇年代末，聯邦政府和州政府控告多家菸草公司，索討癌症和其他抽菸相關疾病造成的醫療費用。菸草公司一直從抽菸成癮引發的癌症中獲利，納稅人卻要為此買單。儘管菸草公司努力避免支付這些錢，但法院仍於一九九八年裁定這些公司必須支付費用，另外還必須停止向年輕人行銷他們的產品。[10]

類似的事情也發生在菸草公司企圖詆毀全球暖化科學的行動上。這些行動早期的領導者之一，也是努力宣告抽菸和癌症間並無關係的同一個人，就是賽茲。[11]

真相變得甚至更不明朗及神祕。今天，幾乎每個人都聽說壓力造成諸多健康問題，包括心臟病在內。壓力與心臟疾病關聯背後的科學研究非常傑出。但研究壓力生理學最早期的主要研究者——漢斯・塞利（Hans Selye）——大部分的資金來自菸草公司。理由其實很簡單。很多因素會造成心臟病，壓力是其中之一，抽菸是另一個。其他因素包括營養不良和遺傳因素。這些因素都會互相影響。菸草公司希望主張**是壓力而非抽菸造成心臟病**，但塞利從未親口這樣說（就我所知道的）。塞利沒有說的事，菸草公司卻急著說出來。它們的廣告公開宣告你應該抽菸來減輕壓力。[12]

塞利當然是知名的科學家，也是好幾千篇論文和三十九本書的作者。塞利是騙子嗎？看起來不是。但菸草公司付錢資助他的研究，並利用他的成果欺騙美國大眾。它們的手沾了鮮血，而塞利顯然心甘情願當它們的工具。

你看，有些科學家只要付錢，要他們說什麼就說什麼。會願意這樣做的科學家比律師和政治人物少很多，但還是有一些。企業利益，例如菸草、煤炭和石油產業吸引到少數這些科學家，並一再利用他們。

## 了解科學的政治家

如果你還沒想出來，我可以告訴你我個人崇拜的英雄之一是傑佛遜。每個人都知道他是天才。約翰．甘迺迪（John F. Kennedy）於一九六二年在白宮主持諾貝爾頒獎典禮時，他說白宮飯廳的腦力從來沒這麼集中過，除了「傑佛遜獨自用餐的時候」。[13]傑佛遜對科學的興趣超越當時其他的所有領導人物，但這並不會太不尋常；啟蒙運動的領袖相信他們必須知道所有事情，而不只是政治而已。別忘記班傑明．富蘭克林（Benjamin Franklin）也算是個科學家。

一七九〇年代初，傑佛遜擔任國務卿，他會評估專利申請。因為一七九〇年只發布了三項專利，所以像傑佛遜這樣的政治家學者可以全心關注。雅各布．伊薩克斯（Jacob Isaacs）申請將淡水從鹽水（長途航海可能很重要的過程）中蒸餾出來的蒸餾器和爐具專利時，傑佛遜要求發明者在國務卿辦公室組裝裝置，並親自對他以及這個年輕國家領導的技術專家示範。伊薩克斯獲得五次機會示範他的發明真的有用，但傑佛遜等人並不滿意，所以專利遭到否決。現在顯然沒有領導的政治家有時間這樣做，但我希望可以專心討論這種態度。傑佛遜談到專利時說：「實際試驗必須進行，別人才會停止質疑發明者對該物品的觀點錯誤或有缺陷，因而遭到蒙蔽。」他堅持政府的工作應該是以當前所能提供最好的科學為基礎，包括避免偏見的研究。[14]

傑佛遜身為總統，安排了路易斯與克拉克遠征（Lewis and Clark Expedition），探索新取得的路易斯安那領土（一路延伸到現在的奧勒岡州）。他對遠征的科學發現極有興趣；我聽說他曾親自檢查梅里韋瑟·路易斯（Meriwether Lewis）送回去壓好的植物標本。傑佛遜退休時，持續他很早以前就開始的農業實驗。他試驗了各種新作物，決定它們對維吉尼亞的經濟是否有貢獻。他發明了一個書寫裝置和一張旋轉椅，這是科技，讓他獲得應有的名聲，但他對農業以及路易斯與克拉克遠征成果的興趣就是科學，即使在現代來看也是如此。「科學」這個詞在傑佛遜的年代意義較廣，但傑佛遜說科學是他的熱情所在，而政治是他的責任時，沒有人會誤會他的意思。

今天你能找到一個總統或國會議員說出這樣的話嗎？傑佛遜相信我們需要科學以用批判性態度驗證事物，無論這是發明或概念，如果不這樣，我們的偏見可能會讓我們走偏，但今天政壇要找到像這樣的人極其困難。

即使不是採全然否定說，很多特殊利益集團喜歡「編造」數據的解釋方式，以符合自身需求。[15]科學家不能忽視政治人物或企業會濫用科學。

### 自己動手做

你對基因改造生物的看法如何？嘗試詳細說明你的各種偏見，或者以其他任何政治議題練習。

# 第二十章　誰是你最愛的科學家，為什麼？

我對這問題的答案可能讓你很驚訝。你可能預期我會說達爾文或愛因斯坦。他們的確值得幾十億人景仰他們。但我的選擇是喬治．華盛頓．卡弗。

我最近教研究所研究方法課程，我告訴學生卡弗是模範科學家。他們沒人聽過他。大部分學生來自亞洲和非洲，但連美國學生也從沒聽過他。我相信科學教師都應該要牢牢記住卡弗。

卡弗之所以是偉大的科學家有兩個原因。首先，他的研究重點在將貧窮鄉村人民的農產品轉變為具附加價值的產品，增加他們的收入。他以兩種方式進行：第一是改進生產技術，增加了農民自給自足的機會，第二是創造產品的新市場。再者，他持續面對偏見。他很傑出，足以在重點大學工作，但他沒辦法，因為他是黑人。然而，他在現在阿拉巴馬州的塔斯基吉大學（Tuskegee University）前身的塔斯基吉學院（Tuskegee Institute）找到他的使命，幫助南方鄉村的貧窮黑人農民。

卡弗約於一八六四年生於密蘇里州，一出生就是奴隸。他和母親、妹妹一起被南方邦聯的軍人挾持，賣到阿肯色州。[1]其他人都死了，只有卡弗勉強活了下來。他被歸還給他的主人。

卡弗於南北戰爭後罹患呼吸道疾病，所以他不需要和其他佃農和解放的奴隸一起做繁重的農務，反而有時間漫步在田野中觀察。他對植物的知識變得豐富，所以鄰居稱呼他「植物博士」。他對植物的愛啟發他成為畫家。他前主人的家人幫忙教育他，之後他到堪薩斯州繼續小學教育。他對一個叫瑪麗亞・瓦特金斯（Mariah Watkins）的黑人女性印象深刻，她告訴他應該盡力學習，然後回到南方幫助他的族人。他親眼目睹一個黑人被一個白人幫派殺害，於是他逃到堪薩斯州的明尼亞波利斯（Minneapolis），完成中學學業。

一八九一年，卡弗成為愛荷華州立大學第一位黑人學生，他主修植物學。他在一八九四年畢業。他的幾位導師對他印象深刻，於是他在一八九六年留下來攻讀碩士學位。他在農業試驗站（Agricultural Experiment Station）的工作讓他在作物黴菌病的研究上獲得全國認可。一八九六年，塔斯基吉學院的校長，也就是教育家布克・華盛頓（Booker T. Washington）說服卡弗加入塔斯基吉教師陣容。卡弗在那裡服務了四十七年，直到一九四三年去世為止。

阿拉巴馬的土壤當時已因棉耕而耗竭。卡弗開發出輪作的系統，棉花會和甘藷等其他作物輪流耕種，這樣土壤就能修復。卡弗也開發出很多作物在食品和工業上的新用途。他開發出超過三百種花生的用途，包括當作黏膠、染料、墨水、清漆，還可以成為新的食品，包括醬料在內，但和一般認知相反的是，花生醬並沒有包含在內。他也對其他南方作物進行類似研究，包括甘藷和美國山胡桃。他也改良了黏著劑、漂白、白脫鮮乳、油氈、美乃滋、紙、塑膠、辣椒醬、即溶咖啡、刮鬍膏、鞋油、車軸滑脂和合成橡膠。他獲得三項專利（一項是化妝品，兩項是塗料）。但卡弗的實驗記錄簿並沒有好好記錄，他程序的正確公式大多不為人知。卡弗為了教農民如何更有效使用他們的土地並創造新的市場，建立了一套農業推廣諮詢和實驗室研究系統，這是仿效愛荷華的系統。

雖然一九一五年時老羅斯福總統（Theodore Roosevelt）表揚了卡弗（在布克・華盛頓的葬禮），但他在美國並不知名。他在英國名氣就比較大，入選皇家文藝學會（Royal Society of Arts），是當時極少數獲此殊榮的美國人。他在美國國會一個委員會面前以令人驚嘆的智慧作證，談論他為花生已開發出的諸多用途，就此聲名大噪。三位美國總統與他會面。瑞典的皇儲在他指導下學習了農業三個禮拜，而印度領袖聖雄甘地也向他學習。工業家亨利・福特（Henry Ford）資助了卡弗的實驗室，並與他合作開發以大豆為基礎的橡膠和合成汽車燃料。

卡弗於一九四三年一月五日過世後，小羅斯福總統（Franklin D. Roosevelt）將密蘇里的一個國家紀念館獻給他。這是少數幾個紀念並榮耀美國黑人的國家級場址，或許也是獻給植物學家唯一的一個。[2]

卡弗也是將科學與藝術結合的傑出典範。我已經提過他的花卉圖了。但他還是年輕大學生時，曾寫了一首關於葫蘆的詩，描述葫蘆有多美麗。就現代人的品味來看，這首詩太過誇張，但不可否認，他真的熱愛植物。科學家和科學教師必須這麼熱愛自然世界。

我對科學家的公共責任的信念，有部分來自我最早參加的其中一個科學研討會。那是史蒂芬・格利斯曼（Steve Gliessman）的研討會，他研究了拉丁美洲的浮園浮島農業生產系統。[3]他是一位植物生態學家，師承加州大學聖塔芭芭拉分校著名的科尼利斯・「尼爾」・穆勒（Cornelius "Neil" Muller）。他的導師研究乾燥橡木叢林地，但格利斯曼研究提升食品生產效率的方式，他不是為了大型農業企業的利益，而是為了窮苦人民能永續發展。在我心中，所有我從那時起研究的科學家工作都必須達到卡弗和格利斯曼呈現的標準。丹・簡真（Dan Janzen）是我最喜愛的當代科學家之一，他是一個瘋狂但令人愉快的天才生態學家，不只是因為他對生態科學驚人的創意見解，也因為他不斷努力協助在哥斯大黎加的季風雨林建立一個非常大型的國家公園網絡。這些公園會是他留給世人最恆久的貢獻。

**自己動手做**

研究你過去或現在最喜愛的科學家，並解釋你為什麼喜歡這位科學家。科學家的傳記已出版了數百本。

# 第二十一章　業餘者和專家

今日大多數科學家都專精一些狹隘的專門領域。他們必須如此，科學知識浩瀚無窮，沒有人能通曉科學的每個領域，也很少人精通一個以上的領域。無論在任何科學研究的領域做研究，都有必要使用非常專門且業餘者無法掌握的技術。少數科學家為大眾寫書時，會允許自己的心靈跨越許多不同的思想領域，甚至延伸至科學之外。史蒂芬・傑・古爾德（Stephen Jay Gould）、勒內・杜博斯（Rene Dubos）和路易士・湯姆斯（Lewis Thomas）就是其中的例子。但他們的研究都聚焦在本身狹隘的領域中。

但並不是一直都這樣。二十世紀前，很少有職業科學家，反而有很多博物學家（naturalists），研究自然的所有面向，而不只是一小部分而已。今天還是有博物學家，例如大衛・喬治・哈斯基爾（David George Haskell）[1]，但他們往往是科學教師，而非科學研究的領導者。但兩百年前，大多數科學家都鑽研我們今天所謂的**自然史**（natural history），從許多不同面向研究自然。他們是業餘者，不過是好的意思。

我們先回到演化還是未知的過去。吉爾伯特・懷特（Gilbert White）一七九三年去世之前，是歡樂古老的英國塞爾伯恩（Selbourne）非正式的教區牧師，是一名神職人員。雖然懷特是鄉村牧師，但他的熱情在自然史。[2]

和今日大多數牧師及有錢人不一樣，十八和十九世紀的英國鄉村紳士，包括牧師在內，都喜愛收集東西並研究自然。部分原因是因為沒有其他人做這件事。科學家很少見，所以要是有人要研究樹木和鳥類，那就是他們了。科學期刊很少（例如目前仍在出版的《皇家學會報告》〔*Proceedings of the Royal Society of London*〕），所以大多數自然史的「研究」是自然史學家彼此間的書信往返集結而成。牧師也對自然史有興趣，因為他們是唯一有時間從事這項工作的人。擔任鄉村牧師是相當舒適的生活，完成幾項教會職務後，你就可以把剩餘時間拿來收集石頭和樹葉。

懷特最知名的就是寫了一本通常稱為《塞爾伯恩自然史》（*The Natural History of Selbourne*，最早出版於一七八九年）的書。他在書中以寫給友人的書信形式，記錄了許多關於自然的觀察，大部分和動物相關。這本書只是塞滿了凌亂的資訊，但後來大受歡迎，從那時起仍持續出版中。我有一本一八六九年的版本。

年輕的達爾文有懷特的書。達爾文不只在高中，到了大學還是很有興趣到森林裡收集東西，熱情比上古典研究濃厚許多。他特別熱愛收集甲蟲。達爾文的醫學訓練沒有成功（他不能忍受看到血，特別是沒有麻醉就截肢的斷臂流出的血），於是他決定成為鄉村牧師。[3] 如果這感覺起來很奇怪，別忘記這是在達爾文有任何關於演化的想法之前。事實上，他當時還是一般的基督徒。他相信上帝創造一切，而他想研究所有這些生物。達爾文讀了懷特的書然後想：**這就是我想過的生活**。結果，達爾文繼承了一大筆錢，不必當牧師，可以把時間用來研究自然史，特別是演化。

懷特的書不只是彙整觀察結果。他也驗證了假設，並從中得出結論。他對一些古老的傳說感到懷疑，以下是一個例子。燕子冬天會去哪裡呢？傳說（義大利科學家斯帕蘭札尼〔Spallanzani〕讓傳說更為普及）燕子會在湖的底部冬眠。懷特不相信。他懷疑燕子應該會往南遷徙，或許是到非洲。我知道對今天的我們來說鳥類會遷徙似乎天經地義，但當時大家並不知道，除了那些很多鳥類一大群一起飛的明顯例子外，例如鵝和現在已經絕種的旅鴿。那燕子這類沒有那麼明顯的物種我們怎麼得知呢？必須有人在冬天親眼看到在北非的燕子，並把這項事實傳達給英國的自然史學家。或者自然史學家必須親自到北非，像懷特受到教會職責所限，就無法親身前往。懷特和他幾個友人至少有一人在北非，盡可能收集資料。他們的記錄顯示，燕子在北非的時候，剛好在英國看不見牠們的蹤影。他們得出結論，認為鳥會遷徙。當然，他們並不確定。誰能說牠們是同一群燕子呢？當時並沒有鳥類繫放這種方法。

懷特從他對燕子的研究得出進一步結論。他認為大多數燕子會遷徙，但有些個別的燕子不會，也就是說，同一族群中並不是所有燕子行為都一樣。回想一下，就是這種族群差異讓自然淘汰成為可能。

有時候懷特記錄了對他沒有意義且不相關的觀察結果——但他一定想過某天這可能會找到解釋。舉例而言，他寫到母牛養大的幼鹿，還有馬和母雞之間形成的友誼聯繫。他也提到幾隻小貓遭到殺害時，身為母親的母貓就餵奶給一隻兔子。他將貓餵奶給松鼠幼鼠的故事還有母雞照顧雛鴨的故事傳出去。這些現象現在還是有點難以解釋，但這一定和我之前提到的利他行為有關。當然，懷特也犯了將人類思想甚至道德加諸於動物的錯誤：他將蚯蚓描述成「沉溺於性慾」，因為牠們花很多時間交配。懷特也提到有些樹木夏末時，因昆蟲而造成落葉，然後長出新的葉子，這種樹木秋天時葉子會留得久一點。今天我們知道這是因為新葉會比老葉製造更多生長激素（一種荷爾蒙）。

懷特的科學調查並不是一直有用。他嘗試從他的觀察得出結論。他提到多雲的夜晚比晴朗的夜晚溫暖（在一年相近的時間）。今天我們知道會這樣是因為在晴朗的夜晚，地表還有地表上所有東西會將熱度輻射到外太空，但天空並不會將熱度送回來，而多雲夜晚的雲會將本身的熱輻射回地球。懷特得出的結論反而是寒氣會從上面的雲降下來，但有雲的時候雲會擋住寒氣。懷特雖然有道理，但他錯了。

他也想到實際應用我們現在所稱的科學。研究有系統的植物學（也就是分類植物）是一回事，利用植物學的知識在受侵蝕的山坡種草等又是另一回事。他寫道：「為了在光禿禿的田野種出一層厚厚的草坪，值得吸取豐富而有系統的知識。」

懷特也思索為什麼他的年代比幾百年前痲瘋病的病例要少。他將痲瘋病減少歸因於農業、食品進步（例如蔬菜變多），衣服較乾淨（穿耐洗的亞麻布而不是破舊的羊毛）。他對細菌沒有概念，但他的推測並非全然錯誤，就一個巴斯德的年代之前的自然史學家來說還不差了。

懷特就像當時所有人一樣，認為他觀察到的所有事物都是天意的完美設計。上帝的智慧和仁慈表現在各種自然事實的這種概念，最知名的倡導者是另一位教士威廉．佩利（William Paley）。佩利在他一八〇二年的著作《自然神學》（*Natural Theology*）中，便公開宣揚此概念。而這也是年輕時的達爾文另一本特別喜愛的著作。達爾文年紀漸長後，才推翻自然神學的概念。懷特並沒有對自然神學如何驗證天意的慈悲寬厚大驚小怪。雖然懷特的著作提到生長在鳥巢的寄生蟲是上帝讓幼鳥離巢的美好安排（這不是我捏造出來的），但是插入這些評論的是編輯，而不是懷特（評論出現在我擁有的一八六九年版本）。懷特甚至在一個例子中，暴露出一點對自然神學的疑慮。懷特提到烏龜的壽命比人類長。對懷特來說，上帝賦予烏龜那麼長的壽命，讓牠們把時間浪費在「毫無樂趣的非活動狀態」沒什麼道理。

懷特以其見解和幽默傳達他的想法。他書的前言中包含了一封他的寵物烏龜提摩西（Timothy，結果牠其實是母龜）寫的信：「你哀傷的爬蟲動物提摩西筆」。[4] 懷特觀察提摩西的行為不只是為了在日誌上記筆記，也是為了想嘗試想出為什麼提摩西會有這種行為，或許也能了解提摩西如何感受這個世界。

另一位名氣響亮許多的業餘科學家是亨利・大衛・梭羅（Henry David Thoreau）。他仔細觀察華登湖（Walden Pond）四周的動植物，鉅細靡遺記下野花開的日期，計算年輪想找出是不是所有森林中的樹都同時生長，或者是不是一次繁殖一點。他和懷特一樣觀察敏銳，但他也會以現代科學家的精神計算和測量事物。

過去幾世紀自然史學家彙整的觀察列表結果可能對現代科學研究有幫助。懷特的著作最後附一張表，總結了他多年來觀察各種花開花，以及樹芽開綻、鳥兒回來最早的日期。這是生物事件季節模式的紀錄。

今日季節模式的科學研究稱為**物候學**（phenology）。這個詞來自一個希臘文的字，意思是「研究外觀」。科學家基於幾個理由研究物候學。其中一個是為了了解季節模式為如何作為有機體對環境的適應方法。為了成為成功的橡樹，樹木不只需要能在本來的環境中生長，還要在適當的時間開芽。假如芽開得太早，遲來的冬霜就可能造成嫩葉和花序死亡。但要是開得太晚，就會失去寶貴的成長時間，其他成長沒有那麼緩慢的樹種就會長得比它們快。但另一個科學家研究物候學的理由越來越重要，因為季節模式在過去幾十年來，成了全球暖化的紀錄。有些物候學家，例如理查・普利麥克（Richard Primack）和艾柏・米勒盧辛（Abe Miller-Rushing）都表示美國部分地區樹芽開的時間比一八六〇年代要早一個月。[5]他們達到這項結論部分是以梭羅保存的完整紀錄作為基礎。從同一段時期的天氣紀錄說明氣溫升高是一回事，闡述這種氣候暖化對動植物有任何影響又是另一回事。[6]由於物候學是新興科學，目前沒有物候學家彙整的長期數據。他們反而必須訴諸業餘自然史學家的舊紀錄。這可能包括懷特著作中的數據表，但就我所知還沒有人用科學方式分析這張表。

今日，科學迫切需要業餘者參與，我們現在稱他們為公民科學家。能在任何地方測量任何東西以適當驗證假設的專業科學家人數目前仍不足。他們必須仰賴公民科學家記錄鳥類遷徙、發芽時間和其他很多事物。除了讓公民科學家可以線上傳送資料的電腦軟體外，這不用花一毛錢。沒有任何科學資助機構能負擔得起聘用一個員工，足以承擔公民科學家——你！——那種重責大任，又不拿薪水。[7]對，這代表你可以加入科學研究，少了你出力，這可能永遠無法完成。

### 自己動手做

找一個公民科學計畫，參與其中享受樂趣！網路上有很多可用連結，但也可以向你所在地的自然中心或植物園查詢。科學世界會感謝你這麼做。

# 第二十二章　科學是一場冒險

科學並不只是一門學科——就像我之前說的，科學是牛軛，讓公牛拉著知識的車子往前進——也是一場冒險。

在一般人想像中，科學家並不是冒險家。科學家的形象是害羞且拙於社交。但即使發生在實驗室內，科學還是一場冒險。雖然我從沒攀過岩或搭過滑翔翼（除了有次我從大彎曲國家公園〔Big Bend〕的岩石上掉下來），但我還是個冒險家。

我們想到冒險通常會想到探索未知國度的驚險旅程。那種冒險大概已經不見蹤影了。大家什麼地方都去過。太多人登抵聖母峰，往上爬的路上甚至還有一條遍布垃圾的小徑。[1]我們可以冒險的唯一方式，就是在老地方做一些新鮮事。人們可能會竭盡所能做這些事，例如搭氣球到好幾公里高的地方然後跳下來，往下時衝破音障，就像菲利克斯·保加拿（Felix Baumgartner）和艾倫·尤斯塔斯（Alan Eustace）一樣。[2]聽起來《金氏世界紀錄大全》（*Guinness World Records*）好像成了新的《聖經》。但科學是一場冒險，（通常）沒有實際風險，但每個小細節都可以令人滿足。

事實上，有些科學家為了尋求新的事實，會做出幾乎每個人都認為是在冒險的事。朗尼・湯普森（Lonnie Thompson）這位氣候學家攀上安地斯山脈高處，研究祕魯奎爾卡亞（Quelccaya）的冰川，並打破人類處在這麼高海拔的耐力紀錄。[3]另外還有其他科學家生活在南極。其中一位的工作站在南極的冬天與世隔絕，她必須自行採集生物檢體。[4]其他科學家若正找尋新動植物物種或進行幫助我們了解全球氣候變遷的測量，也會長途跋涉經過酷熱的叢林，水蛭從頭上的樹枝掉在他們身上，就像雨水一樣。大多數真正的科學冒險沒有那麼刺激，就像真正的考古學家的冒險並不像印第安納・瓊斯（Indiana Jones）一樣驚險萬分。大多數例子中，科學家的實際風險有限，但冒險感仍然存在。

## 藏在毫不起眼的地方

科學是人們會在老地方做新鮮事的其中一種冒險——也就是說，我們會發現這些我們常去之處的新東西，也會對我們以為我們已經知道的事情有新的認識，這些事情藏在毫不起眼的地方。這讓我想到艾略特（T. S. Eliot）寫的：我們不應停止探索，在所有探索的盡頭，我們會回到起點，重新認識這個地方。

只是我懷疑我們永遠不會真正抵達我們探索的盡頭。永遠會有新的東西等待科學家發現。賀謹（John Horgan）在《科學的終結》（*The End of Science*）提到，科學差不多已經把宇宙摸清楚了。[5]他說這種話遭到很多批評，但請容我為他說幾句話。過去幾百年，科學家已經發現宇宙的大小和年齡，也相當了解宇宙目前如何運作，但大爆炸最開始的瞬間仍然是一團謎。在過去幾個世紀，我們逐漸了解地球上的化學和生物。我們或許尚未在其他行星發現生命，但我們會發現——也必須發現——生命會遵循我們已經知道的化學定律。賀謹說的沒錯，可能再也不會出現像愛德文·哈勃（Edwin Hubble）和紅移這種突破，告訴我們宇宙逐漸擴大，或許也不會再有愛因斯坦和他的兩種相對論，或達爾文和自然淘汰。還有很多細節要填滿，但我們差不多已經解釋完現實的輪廓。我能說的就是還有足夠多的細節可以填滿，我們的冒險會永無止境。

我們看著動植物，它們是我們一直看到的同樣一些舊的動植物，但藉著科學我們了解它們的DNA，可以加以改變，而且發現了那記錄在那種DNA中的演化史。我們有同樣一直擁有的舊大腦，但藉由科學我們開始了解大腦如何創造出我們藝術、愛與真實的經驗。科學方法是讓實體世界揭露本身祕密的途徑。

## 沒有準則，沒有教條

科學家不會閒坐著看書，只是一直重複前輩科學家說過的話。科學真理沒有永恆不變的語料庫、準則或法則。娜妲莉·昂吉兒（Natalie Angier）的著作《科學的9堂入門課》（*The Canon*）雖然內容令人愉快，但英文書名（意為「準則」）卻最令人遺憾，最誤導讀者。[6]歷史上最知名的兩位科學家用了「法則」（dogma）這個詞，造成一些混亂。詹姆斯・華生（James Watson）和法蘭西斯・克里克（Francis Crick）不只找出DNA的結構，也找出DNA如何儲存和傳遞基因資訊。[7]克里克了解到地球上顯然所有細胞都以同樣的方式使用DNA：DNA控制RNA，而RNA控制了蛋白質。他把這稱為中心法則（Central Dogma）。雖然他並不是指這是無庸置疑的事實，但有些人誤會他。克里克寫道：「用法則這個詞幾乎造成這詞本身價值的麻煩。」各宗教可能有聖經所說的「一次交付聖徒的真道」，但科學並沒有。我們總是在探索新的事實。

## 科學冒險

我自己追求科學的戶外冒險不夠刺激，沒辦法拍成電影，但還算是冒險。除此之外，我在研究赤楊木。這些赤楊木其中部分生長在沼澤。幾年前，我費力穿越一個沼澤，收集赤楊木樹枝的插條，帶回實驗室。在沼澤時，會把人捲進去的污泥高到我的臀部。因為水的含氧量很少，落葉、蚊子的屍體和玳瑁無法完全分解。這些東西製造出深褐色的膠，像黑漆漆的茶沾在我的衣服上。細菌釋放出硫化氫的腐敗味道。我太笨了，不知道污泥有多深，我試著抬起右腳，左腳就滑進去越深。除了毒長春籐、綠薔薇和玫瑰多刺的枝還有枯枝之外，沒有其他東西可以抓住。我很接近一條主要國道的橋，我站的地方離那只有幾公尺遠，幾百輛汽車和卡車轟隆轟隆經過。往下看我的駕駛如果知道我正在研究長在沼澤的小樹，可能會認為我瘋了。如果他們知道我已經開了好幾千公里的車來看這些小樹，他們就可以確認他們的疑慮了。但假如一身狼狽穿過沼澤是發現科學問題答案的唯一方式，那你就必須這樣做。你不能只是站在路邊看著赤楊木，猜測它們會如何生長或是有什麼樣的ＤＮＡ。

其他科學家留在室內的目的是要找出新的事實。他們在實驗室工作，有時會使用戶外的科學家收集到然後拿給他們的材料。科學家有時會想像自己縮小到原子大小，環顧四周。這當然是冒險！

還有科學家留在室內，但探索了沒有人能在正常狀況下到達的地方。有些人設計太空船到火星探索地表（甚至還有地表之下一點點），並將訊息傳回地球。這些科學家真的以替代方式參與他們的工作，幾乎就像親身在火星四周航行一樣。

我深深景仰兩位創意大膽的科學家沙根和馬古利斯。他們從最遙遠的地方搜尋到最細微的地方：沙根研究天文學，而馬古利斯研究細胞。但兩人都不滿足於自我設限，他們都思考自身工作如何符合更廣大的公眾需求。這最後促使沙根探究大腦如何運作，[8]而馬古利斯則將地球想成是有機體的共生結構。[9]馬古利斯現在提出一個大家普遍接受的概念，認為複雜的細胞一開始是較小的細胞結合而成。馬古利斯把地球想成是單一系統，沙根則知道這也適用於其他某天可能發現的活行星。沙根和馬古利斯有短暫婚姻關係。現在兩人都已作古，但身後留下改變後的科學世界。

探索任何事物之前，必須先明白外面的世界有東西等待我們探索。多少中世紀的學者把世界想成是玻璃圓頂天空下的歐洲？更不用說農民了。或許還被充滿怪物的海洋包圍？最無知的人往往是對自己相信事物最有把握的人。達爾文在《人類的起源》（*Descent of Man*）中提到：「無知生出的常是自信，而非知識：學識淺薄的人會言之鑿鑿，認為科學絕對無法解決各種問題，學識淵博的人則不會。」[10]

冒險需要勇氣。科學家和作家等都一體適用。其中一個例子來自舊蘇聯。誰是舊蘇聯最知名的異議分子？一九四〇年代，知名的異議分子是之前提過的遺傳學家瓦維洛夫。一九六〇年代，最知名的異議分子之一是物理學家安德烈・沙卡洛夫（**Andrei Sakharov**）。他提出對核技術的警告，這種技術正是美蘇的物理學家帶來這世界的。當然，也有勇敢的異議分子作家，例如鮑里斯・巴斯特納克（**Boris Pasternak**，《齊瓦哥醫生》〔*Doctor Zhivago*〕作者）和亞歷山大・索忍尼辛（**Aleksandr Solzhenitsyn**，《伊凡傑尼索維奇的一天》〔*One day in the Life of Ivan Denisovitch*〕作者）。要記得索忍尼辛，但也別忘了瓦維洛夫。

還有更多好消息。科學不只是冒險，還是有創意的冒險。

並不是所有的冒險都有創意。有些人的冒險行為之前其他人已經做了很多遍，而其他人，通常是行銷人員會告訴他們他們有冒險精神，例如騎機車飆速。這種事已經做過無數遍了，其中半數出現在我家前面那條街。需要像伊佛·可尼佛（Evel Knievel）那樣的人才真叫有創意：他騎車飛越峽谷。

科學思想是很歡樂的專業領域。就像運動對身體來說是很歡樂的專業領域，就像我們可以學習吃健康食品而非不健康的食品，科學式的思考方式也很好玩。科學家熱愛科學，很多人會覺得匪夷所思，直到他們親身體驗，發現不必當科學家也能愛上科學世界觀的豐富。一旦我們開始以科學方式思考，我們就可以看這世界，然後了解在我們表面上看到的景象背後，發生了什麼事。

我們可以感覺到掌握了自己的生命；我們可以愉悅地從旁觀察無知的惡魔被趕走的世界。我們開始注意到之前錯過但美麗、古怪而又複雜的事物。科學思想可以把我們從只考慮自己的狀態中拉出來，不會只顧著本身持續的問題還有暫時的愉悅。科學思想是心甘情願做的工作。

科學家，包括業餘科學家在內，都是勇敢而有創意的冒險家，我們比其他人應該能獲得的樂趣要多。克里克爵士還不是爵士前，找出ＤＮＡ結構時感到興奮；成為爵士後，嘗試找出大腦的意識基礎的過程感到興奮，這種感覺一定和另一位法蘭西斯爵士一樣強烈——環球航行的法蘭西斯·德瑞克（Francis Drake）。

# 後記　一個美麗的世界

## 愛護宇宙

威爾遜說某些主題，例如探索未發現的國家以及善惡間的對抗，持續出現在科學和文學中。[1]另一個主題是愛。我們可以說所有虛構的故事都是一個故事：這故事是關於代價高昂的愛，以幾萬種方式訴說然後再重新訴說。主角會尋找愛，而對手會摧毀它。科學的故事中愛扮演了一個重要角色。科學**訴諸**理性。它訴諸**理性**。人類心靈**熱愛**藉由理性尋求了解世界。科學的解釋提供了發自內心的滿足感。[2]

科學和愛有關的另一個方式是科學解釋了**人類**關係中重要的各種過程。如果我們汙染了其他人的空氣和水，或者使用科技壓迫他們，我們要怎麼說我們愛他們呢？自然和社會環境是**我們與其他人產生關係的媒介**。科學幫助我們了解這些環境以及它們如何運作。舉例而言，科學解釋了持久性污染物，例如來自燃煤發電廠的水銀集中到食物鏈造成某些食物有毒，例如魚類。到了那時候，這就成為我們身為愛人的責任，在這種認知下行動，並停止汙染屬於我們鄰居、兄弟、姊妹的星球。科學也幫助我們分析、了解人類關係發生的社會環境。這可能看起來像冰冷的數學運算，計算測量不平等情況的吉尼係數。但一旦我們看到這些吉尼係數，一旦我們面對許多國家所得不平等的情況太嚴重，而且每況愈下，身為愛人，這就變成我們的責任，依這樣的認知行動，幫助我們弱勢的鄰居。

科學和愛以這些方式密不可分。這並不是大多數人對科學家的印象。用諷刺手法塑造科學家形象時，有時會把科學家描繪成對愛與日常生活不自在的男性（有時候是女性），就像熱門影集「宅男行不行」（The Big Bang Theory）裡一樣。多年前我在國中話劇演了這樣一個科學家的角色。但每個我認識的科學家都愛一般人，尤其愛其中很多人，而且會想利用科學作為幫助他人的方法。

科學是由很多故事組成，而且和愛不可分割，所以每個人應該都能了解。因為每個人都了解故事、愛以及愛的故事。但很多人，甚至可以說大多數人並不是這樣看待科學。你常會聽到「科學殿堂」這種說法，代表只有奉獻生命了解科學晦澀細節的開創者才能理解科學。我想我可以將我畢生工作，以及其他許多科學家和我認識的科學教育者的工作，描述為打開殿堂的幾扇窗，邀請大家進入，或至少短暫拜訪一下，讓大眾的好奇心趕走科學的神祕。沒有投身科學的人對這些殿堂會感到不自在，這可以理解。造謠生事者公開宣稱我們這些科學家編造出全球暖化和演化，藏有祕密的陰謀，而這些人就是靠這種不自在生存下去。他們知道一般人對「相信我們，我們是科學家」的概念不自在。像我這樣的科學家和教育者透過書、部落格、實地考察和 YouTube 頻道[3]，打開了這些窗然後說：「請自己看看證據。」像我這樣的科學家、作家和教育者會說如果你能跟著故事情節走，你就能了解科學。

而我相信，這是科學最重要的特點：它帶給我們很多故事，我們可以從中了解自己和宇宙。人類渴望知道各種故事，所以甚至在這些故事證明是虛構的時候，還是繼續相信。當然，許多流傳下來的神話就是這樣。科學家最好也能成為優秀的說故事者，這樣真實的科學故事至少就有一些可以站穩腳步，對抗虛假的故事。在某些狀況中，虛假的故事會危及地球的生存。目前科學家必須說出全球暖化的真實故事，因為說全球暖化不嚴重的虛假故事已經在容易聽信他人的人類心靈間廣為傳播。為了我們的生存，我們人類需要的不只是事實，也不只是故事，而是真實的故事。

## 自然定律和謎團

有些人害怕將萬事萬物簡化為「只是自然定律的產物」會破壞事物的美好與奇妙。這並不是事實。自然定律幫助我們了解這個世界，這樣我們就可以看到它的美好與奇妙。

有些自然定律純粹是在任何可能出現的宇宙中必定如此的事物。我不認為這些定律只是大腦的產物，但它們塞滿我的大腦，我怎麼知道？其中一條這樣的定律是一加一等於二。明白我的意思嗎？要質疑這種東西很荒謬，至少很可笑。吉爾伯特（Gilbert）與蘇利文（Sullivan）於一八八五年首演的喜歌劇《帝王》（*The Mikado*）中，南基浦（Nankipoo）度過幸福的婚姻生活一個月後就要被砍頭。他說：「什麼是一個月？呸！時間的區別完全是隨意的。誰說二十四小時就是一天？我們會把秒說成分，分說成小時，小時說成天，天說成年。無論如何，我們眼前會有三十年快樂的婚姻生活。」其中一名少女回答：「無論如何，這次見面已經持續四小時四十五分了！」

然後還有第二種自然定律——在我們整個宇宙運作的定律，但有可能還有其他宇宙，其中的定律會有點不同。為什麼重力強度應該是現在這樣？電子的電荷呢？諸如此類的事物。它們是「常數」。大爆炸後幾飛秒內發生的事物據推測決定了這些常數。因為這些事物，原子和星星成了現在的樣子。碳原子就是碳原子，在這裡或一百三十億光年之外的地方都是這樣。不同碳原子的同位素可能不同，但遙遠的銀河系中會出現同樣一些同位素。但其他宇宙如果存在，可能沒有碳原子，或根本沒有原子。

然後還有一些定律是歷史偶然性下的結果。偶然性和意外並不完全一樣。**偶然性**（contingency）代表一旦事情發生，未來的各種可能性就會受到限制。有趣的是，有一個例子和我上面引用的喜歌劇《帝王》裡的笑話相似。為什麼一天有二十四小時，一年約有三百六十五天呢？我們的行星剛好以某種速率旋轉，以某種速率繞太陽轉。順道一提，旋轉的速率正逐漸慢下來。但在恐龍的年代，一年超過四百天。在任何時代，一天和一年的長度都是偶然性的定律。

但即使在充滿偶然性的世界中，還是有普世的模式。這些模式會存在是因為我們宇宙中不變的定律**加諸**歷史和演化的偶然性之上。

想一想宣傳這件事好了。一個有機體的後代具有遺傳變異，繁殖適應度就會增加，而要出現變異，有機體必須與另一有機體同物種雜交，但另一種有機體和它基因並不相似。也就是說，同物種雜交是近親繁殖和種間雜交（interspecific hybridization）之間最有利的折衷點。（沒錯，我在講性。現在你可以知道科學家如何讓性變無聊了。）

科學家並不是完全確定為什麼有性生殖提升了這種適應度，但看起來幾乎所有類型的有機體都是有性的，甚至連細菌也有。（但你不會想知道的。）那有機體如何找到伴侶呢？靠宣傳。人類藉由行為和穿著可以做到。鳥類也可以：牠們有鮮豔的羽毛，還會唱出複雜優美的歌曲。花朵也做得到，漂亮的花朵全部重點就在顏色和香味會吸引授粉者。由於植物無法交配，剩下唯一的選擇就是讓別的東西把花粉從一朵花的雄蕊送到另一朵花的雌蕊。如果這種東西是動物，例如鳥類或蜜蜂，花就必須具有吸引力，但吸引的對象不是花，而是授粉者。你會說「值得宣傳」是我們宇宙的一種自然定律，或許在所有可能存在的宇宙也是如此。歷史的偶然性確保了這種定律出現許許多多不同的形式。

理論上，所有發生的事可能都可以預測（如果我們知道某個系統裡能量和物質的一切，理論上就可以預測這個系統會怎麼樣），但我們完全沒有機會做到這一點。世界對我們來說，某種程度上必然會顯得神祕。小說《簡愛》（*Jane Eyre*）中，如果我們知道羅徹斯特（Rochester）腦中幾兆個連結發生什麼事，我們就可以預測他對主角會如何回應。但如果不能完全了解羅徹斯特的神經元突觸，我們就無法預測他的行動。

科學家將現實比喻為山丘和山谷的地形。你丟一顆球在這種地形，然後嘗試預測球會往哪裡去。球可能跑到最低點，也可能不會。最後它可能只是在最低點附近，碰到小小的地面隆起處、棍子或樹葉，就可能擋住它的去處。現在重點是所有的自然定律都是在球上作用，重力當然也是。但球在斜坡會比緩坡滾動得快也是事實。如果這是比較光滑的球，會比粗糙的球滾得快。知道那些自然定律或許能告訴你球會去的準確地點，但真實情況中結果可能會令人驚訝。作家可能在開始寫作時真的不知道故事發展結果會如何。

所以你看，我們都受制於自然定律（所有的有機體和小說中所有的角色），但我們融入那些自然定律的方式卻變化多端，令人驚嘆。現實或虛構世界中故事情節數目有限，其中樂趣在於生物或虛構角色融入那些情節中的巧妙方式。科學研究並沒有消除世界中的美好，就像和聲和對位法的研究沒有消除音樂中的美好，透視法的研究也沒有消除藝術中的美好一樣。

## 危險與美好

我之前提過，科學也可能令人感到不安，特別是威脅到宗教信仰時。但科學不一定會撼動宗教的認識論基礎，企圖造成對信徒的恐慌。科學可能只是揭露出大家不願面對的威脅。我很早就了解這一點。小學時我替校刊寫了幾篇小文章，當時用的還是香噴噴的紫色油印。我一直在聽廣播報導，裡面提到那年雨水豐沛，會造成大量的**媒斑蚊**（〔Culex tarsalis〕，可能是我第一個學到的科學名稱）。過去媒斑蚊會散播病毒性腦炎，播報員說，這會造成一些病患變「植物人」。所以我的文章和這有關。負責的老師幾乎把我寫的東西都刪掉，反而寫下「有蚊子會叮你，讓你發癢，所以別忘了噴藥！」。韋伯（Webb）老師用意是不讓小孩子擔心野餐後可能會腦死。但我的確學習到科學家並不需要說出所有能說的話。如果我們要見到世界的美好，就必須接受發現其中危險的風險。

發現的科學過程本身就很美好。這個過程最棒的說法就是切羅基國（Cherokee Nation）使用於最近假期活動之一的口號「從我觀察到的所有事情中學習」。[4]就算有些我們觀察到的事情令人不安，那種說法還是既科學又美好。

科學另一個美好的部分是威爾遜說的**符合邏輯**（consilience）。[5]威爾遜使用這個詞彙的方式和幾乎兩百年前的英國學者威廉・休爾（William Whewell）一樣。符合邏輯是多重觀點匯合後你從中區別出的真理。符合邏輯德其中一個例子就是小行星六千五百萬年前撞擊地球的概念，許多獨立的證據匯合成這個結論：研究者發現六千五百萬年前海洋微有機體的大小和多樣性突然減少，他們發現強力撞擊的地質證據，例如某些只有強力撞擊才能製造出的礦物碎片。最重要的關鍵在於他們發現殘存的隕石坑。

自然淘汰是可以從符合邏輯（即使休爾本身強力反對達爾文學說）中區別出的真理之例。如果你觀察基因多樣的有機體族群發生的事，你就可以看到自然淘汰如何運作，語源上多樣的字詞和心理上多樣的概念也是一樣。演化也是你能以符合邏輯的方式達成的概念。你可以看化石、DNA或今日正在發生的自然淘汰過程得出結論，指出生命在地球上已經演化了好幾十億年。三項獨立的線索匯合，告訴我們演化的真理。符合邏輯很美好。

丹尼・凱（Danny Kaye）在名曲「尺蠖」（Inchworm）中，唱到尺蠖所有時間都花在爬行於金盞花上，從來沒有停下來欣賞它們的美。我們科學家在進行測量期間，會停下來欣賞世界的美好，而且不只是偶爾為之，而是一直如此。科學家讓我們得以欣賞各種美好的新面向。愛因斯坦說：「我們可以經歷最美好的事物很神祕。這是所有真實藝術和科學的來源。對於這種情感陌生的人，不再感到疑惑、肅然起敬，和死了沒什麼兩樣。」[6]科學家無論是業餘或專業，我相信行走在山上時，相較於單純只是為了滑雪的人，更容易注意到並了解山的美好。

科學對這世界的觀點有其美好，我們了解的部分和我們不了解的浩瀚天地都是如此。湯姆斯寫道：「我們正從科學中學習自己所知多渺小，我們所了解多微不足道，還要學習的東西還剩多少。」這是一種滿足我們部分最深層慾望的美好。湯姆斯也寫道：「人類只要不了解自己的無知就會沒事，這是我們的正常狀態。但一旦我們知道我們不知道某件事，就無法忍受。」[7]

一旦你對世界的觀點因科學而改變，你就無法回頭了。一旦你知道自然淘汰無所不在，一旦你知道葉子是使用太陽能的工廠，一旦你開始注意到岩石中的化石，一旦你開始認出森林中有很多樹種，你就不能**不看**這些東西。科學不只對我們物種的生存至關重要，也是我們物種必須滿足最深層需求的最佳方式之一：學習並訴說各種故事，談論這世界的面貌，我們是什麼樣的人，我們又是如何融入這個世界。

# 註釋

## 前言　我們需要科學，而且馬上就要

1. Hugo Mercier and Dan Sperber, *The Enigma of Reason* (Cambridge, MA: Harvard University Press, 2017).
2. Ashley Feinberg, "An 83,000-Processor Supercomputer Can Only Match 1% of Your Brain," Gizmodo, August 6, 2013, https://gizmodo.com/ an-83-000-processor-supercomputer-only-matched-one-perc-1045026757 (accessed October 4, 2017).
3. Herman Melville, *Moby Dick* (London: Richard Bentley, 1851), chap. 74.
4. Robert Trivers, *The Folly of Fools: The Logic of Deceit and Self-Deception in Human Life* (New York: Basic Books, 2011).
5. Dave Levitan, *Not a Scientist: How Politicians Mistake, Misrepresent, and Utterly Mangle Science* (New York: Norton, 2017).
6. Karl R. Popper, *The Logic of Scientific Discovery* (New York: Routledge, 1959).
7. National Research Council, *Every Child a Scientist: Achieving Scientific Literacy for All* (Washington, DC: National Academies Press, 1998).
8. Carl Sagan, *The Demon-Haunted World* (New York: Basic Books, 1996).

## 第一章　科學與如何辨識科學

1. David Wootton, *The Invention of Science: A New History of the Scientific Revolution* (New York: Harper Perennial, 2016).
2. Jeffrey Robins, ed., *The Pleasure of Finding Things Out: The Best Short Works of Richard P. Feynman* (New York: Basic Books, 2005); Richard

Dawkins, The Magic of Reality: How We Know What's Really True (New York: Free Press, 2011).

3. Karl R. Popper, *The Logic of Scientific Discovery* (New York: Routledge, 1959).
4. Kailash C. Sahu, Jay Anderson, Stefano Casertano, et al., "Relativistic Deflection of Background Starlight Measures the Mass of a Nearby White Dwarf Star," *Science* 356 (2017): 1,046–50.
5. *Climate Change: Information on Potential Economic Effects Could Help Guide Federal Efforts to Reduce Fiscal Exposure* (Washington, DC: US Government Accountability Office, September, 2017), https://www.gao.gov/assets/ 690/687466.pdf (accessed November 14, 2017).
6. Moody's Investor's Service. "Moody's: Climate Change Is Forecast to Heighten US Exposure to Economic Loss Placing Short- and Long- Term Credit Pressure on US States and Local Governments," press release, November 28, 2017, https://www.moodys.com/research/Moodys-Climate -change-is-forecast-to-heighten-US-exposure-to--PR_376056 (accessed December 4, 2017).
7. D. J. Wuebbles, D. W. Fahey, K. A. Hibbard, et al., eds., *Climate Science Special Report: Fourth National Climate Assessment (NCA4)*, vol. 1 (Washington, DC: US Global Change Research Program, 2017), https://science2017 .globalchange.gov/ (accessed November 6, 2017).
8. Mark J. Plotkin, *Tales of a Shaman's Apprentice: An Ethnobotanist Searches for New Medicines in the Amazon Rain Forest* (New York: Viking, 1993).
9. Francis Bacon, *The New Organon* (1620; Cambridge, UK: Cambridge University Press, 2000).
10. Stanley A. Rice, "Roots as Foragers," PlantEd Digital Library, 2012,

https://lifediscoveryed.org/r499/roots_as_foragers (accessed October 4, 2017).

11. Stanley A. Rice and Sonya L. Ross, "Smoke-Induced Germination in *Phacelia strictiflora*," *Oklahoma Native Plant Record* 13 (2013): 48–54.
12. France 2France Télévisions, "Pesticides: Des Scientifiques à la Solde de Monsanto?" Francetvinfo.fr, April 10, 2017, http://www.francetvinfo.fr/economie/emploi/metiers/agriculture/pesticides-des-scientifiques-a-la-solde -de-monsanto_2403116.html (accessed October 5, 2017).
13. Stuart Firestein, *Failure: Why Science Is So Successful* (Oxford, UK: Oxford University Press, 2016).

## 第二章　科學和小說：有組織的常識和有組織的創意

1. C. P. Snow, *The Two Cultures* (Cambridge, UK: Cambridge University Press, 2012).
2. George Gaylord Simpson, *The Dechronization of Sam Magruder* (New York: St. Martin's, 1996); Edward O. Wilson, *Anthill* (New York: Norton, 2011).
3. John Updike, "Visions of Mars," *National Geographic*, January 2008.
4. Alan Lightman, *Ghost* (New York: Vintage, 2008); Alan Lightman, *Mr g: A Novel about the Creation* (New York: Vintage, 2012).
5. Stephen King, *Misery* (New York: Viking, 1987).
6. David Freeman, "Will Mars Colonists Evolve into This New Kind of Human?" NBC News, February 28, 2017, https://www.nbcnews.com/storyline/the-big-questions/mars-colonists-might-evolve-entirely-new-type -human-n708636 (accessed October 25, 2017).
7. *Perry Mason*, season 9, episode 3, "The Case of the Candy Queen," directed by Jesse Hibbs, written by Orville H. Hampton, aired September

26, 1965, on CBS.

8. *Perry Mason*, season 2, episode 15, "The Case of the Foot-Loose Doll," directed by William D. Russell, written by Jonathan Latimer, aired January 24, 1959, on CBS.
9. Ursula W. Goodenough, *The Sacred Depths of Nature* (Oxford, UK: Oxford University Press, 1998); Stanley A. Rice, *Life of Earth: Portrait of a Beautiful, Middle-Aged, Stressed-Out World* (Amherst, NY: Prometheus Books, 2012).

## 第三章　利用山做實驗

1. Stanley A. Rice and Fakhri A. Bazzaz, "Quantification of Plasticity of Plant Traits in Response to Light Intensity: Comparing Phenotypes at a Common Weight," *Oecologia* 78 (1989): 502–507.
2. Dror Hawlena, Michael S. Strickland, Mark A. Bradford, et al. "Fear of Predation Slows Plant-Litter Decomposition," *Science* 336 (2012): 1,434–38.
3. Danny Kessler, Klaus Gase, and Ian T. Baldwin, "Field Experiments with Transformed Plants Reveal the Sense of Floral Scents," *Science* 321 (2008): 1,200–202.
4. Matthias Wittlinger, Rüdiger Wehner, and Harald Wolf, "The Ant Odometer: Stepping on Stilts and Stumps," *Science* 312 (2006): 1,965–67.
5. Nina Hahn et al., "Monogenic Heritable Autism Gene *Neuroligin Impacts Drosophila Social Behaviour*," *Behavioural Brain Research* 252 (2013): 450–57.
6. G. Shohat-Ophir, K. R. Kaun, R. Azanchi, et al., "Sexual Deprivation Increases Ethanol Intake in *Drosophila*," *Science* 335 (2012): 1,351–55.
7. Tomas Roslin, Bess Hardwick, Vojtech Novotny, et al., "Higher Predation

Risk for Insect Prey at Low Latitudes and Elevations," *Science* 356 (2017): 742–44.

8. Luis W. Alvarez, Walter Alvarez, Frank Asaro, et al., "Extraterrestrial Cause for the Cretaceous-Tertiary Extinction," *Science* 208 (1980): 1,095–107.
9. Frank H. Bormann, Gene E. Likens, D. W. Fisher, et al., "Nutrient Loss Accelerated by Clear-Cutting of a Forest Ecosystem," *Science* 159 (1968): 882–84.
10. E. A. Ainsworth and S. P. Long, "What Have We Learned from 15 Years of Free-Air CO2 Enrichment (FACE)? A Meta-Analytic Review of the Responses of Photosynthesis, Canopy Properties, and Plant Production to Rising $CO_2$," *New Phytologist* 165 (2005): 351–71.
11. S. P. Long, E. A. Ainsworth, A. D. Leakey, et al., "Food for Thought: Lower-Than-Expected Crop Yield Stimulation with Rising $CO_2$ Concentrations," *Science* 312 (2006): 1,918–21.
12. Steven H. Schneider, *Laboratory Earth: The Planetary Gamble We Can't Afford to Lose* (New York: Basic Books, 1998).

## 第四章　對與錯

1. Stuart Firestein, *Failure: Why Science Is So Successful* (Oxford, UK: Oxford University Press, 2016).
2. Steven Novella, "0.05 or 0.005? P-Value Wars Continue," Science -Based Medicine, August 2, 2017, https://sciencebasedmedicine.org/0-05-or-0-005-p-value-wars-continue/ (accessed October 23, 2017).
3. Roberta B. Ness, *The Creativity Crisis: Reinventing Science to Unleash Possibility* (New York: Oxford University Press, 2014).
4. Richard Harris, *Rigor Mortis: How Sloppy Science Creates Worthless*

*Cures, Crushes Hope, and Wastes Billions* (New York: Basic Books, 2017).

## 第二部：人猿大腦永流傳

1. David Chavalarias and John P. A. Ioannidis, "Science Mapping Analysis Characterizes 235 Biases in Biomedical Research," *Journal of Clinical Epidemiology* 63 (2010): 1,205–15.

## 第五章　錯覺的世界

1. Maude W. Baldwin, Yasuka Toda, Tomoya Nakagita, et al., "Evolution of Sweet Taste Perception in Hummingbirds by Transformation of the Ancestral Umami Receptor," *Science* 345 (2014): 929–33.
2. James H. Wandersee and Elisabeth E. Schussler, "Preventing Plant Blindness," *American Biology Teacher* 61 (1999): 82–86.
3. Hannah Faye Chua, Julie E. Boland, and Richard E. Nisbett, "Cultural Variation in Eye Movements during Scene Perception," *Proceedings of the National Academy of Sciences USA* 102 (2005): 12,629–33.

## 第六章　直接測量!?

1. Yuzhang Li, Yanbin Li, Allan Pei, et al., "Atomic Structure of Sensitive Battery Materials and Interfaces Revealed by Cryo-Electron Microscopy," *Science* 358 (2017): 506–10.
2. Nicholas W. Gillham, "Cousins: Charles Darwin, Francis Galton, and the Birth of Eugenics," *Significance* 6 (2009): 132–35.
3. Larry Gonick and Woollcott Smith, *The Cartoon Guide to Statistics* (New York: HarperPerennial, 1993).
4. Stanley A. Rice, *Environmental Variability and Phenotypic Flexibility in*

*Plants* (PhD thesis, University of Illinois at Urbana-Champaign, Department of Plant Biology, 1987). Updated plain English version available at http:// www.stanleyrice.com/articles/stanley_rice_thesis_popular_version.pdf (accessed November 1, 2017).

## 第七章　自然丟給我們曲線，但我們看到直線

1. Lester R. Brown, *The Twenty-Ninth Day: Accommodating Human Needs and Numbers to the Earth's Resources* (New York: Norton, 1978).
2. Joel E. Cohen, "Population Growth and the Earth's Human Carrying Capacity," *Science* 269 (1995): 341–46.
3. Pete Kasperowicz, "National Debt Hits $21 Trillion," *Washington Examiner*, March 16, 2018, https://www.washingtonexaminer.com/news/national-debt-hits-21-trillion (accessed September 6, 2018).
4. Daniel P. Bebber, Francis H. C. Marriott, Kevin J. Gaston, et al., "Predicting Unknown Species Numbers Using Discovery Curves," *Proceedings of the Royal Society B (Biological Sciences)* 274 (2007): 1,651–58.
5. Douglas H. Erwin and James V. Valentine, *The Cambrian Explosion: The Construction of Animal Biodiversity* (New York: Freeman, 2013).
6. Michael J. Benton, "The Origins of Modern Biodiversity on Land," *Philosophical Transactions of the Royal Society of London B (Biological Sciences)* 365 (2010): 3,667–79.
7. Alan De Queiroz, *The Monkey's Voyage: How Improbable Journeys Shaped the History of Life* (New York: Basic Books, 2014).
8. David S. McKay, Everett K. Gibson Jr., Kathie L. Thomas-Keprta, et al., "Search for Past Life on Mars: Possible Relic Biogenic Activity in Martian Meteorite ALH84001," *Science* 273 (1996): 924–30.

9. Tim Sharp, "What Is the Temperature on Mars?" Space.com, November 29, 2017, https://www.space.com/16907-what-is-the-temperature -of-mars.html (accessed September 6, 2018).
10. Lewis Thomas, *The Fragile Species* (New York: Scribner, 1992).

## 第八章　不是非黑即白

1. Defense Advanced Research Projects Agency (DARPA), "DARPA Z-Man Program Demonstrates Human Climbing Like Geckos," https:// www.darpa.mil/news-events/2014-06-05 (accessed September 6, 2018).
2. Michael P. Carlson, "Cyanide Poisoning," http://extension publications.unl.edu/assets/html/g2184/build/g2184.htm (accessed September 6, 2018).
3. Yoon Jung Park, "White, Honorary White, or Non-White: Apartheid-Era Constructions of Chinese," *Afro-Hispanic Review* 27 (2008): 123–38.
4. Bryan Sykes, *DNA USA: A Genetic Portrait of America* (New York: Norton, 2012).
5. Encyclopedia of Life, "Encyclopedia of Life: Global Access to Knowledge about Life on Earth," http://www.eol.org (accessed October 28, 2017).
6. Steve Olson, *Mapping Human History: Genes, Race, and Our Common Origin* (New York: Houghton Mifflin Harcourt, 2003).
7. Kenneth R. Miller, *Finding Darwin's God: A Scientist's Search for Common Ground between God and Evolution* (New York: HarperCollins, 1999).

## 第九章　因和果

1. Bum Jin Park, Yuko Tsunetsugu, Tamami Kasetani, et al., "The Physiological Effects of Shinrin-yoku (Taking in the Forest Atmosphere or Forest Bathing): Evidence from Field Experiments in 24 Forests across

Japan," *Environmental Health and Preventive Medicine* 15 (2010): 18.

2. Wei-win Cheng, Chien-Tsong Lin, Fang-Hua Chu, et al., "Neuro-pharmacological Activities of Phytoncide Released by *Cryptomeria japonica*," *Journal of Wood Science* 55 (2009): 27–31.
3. Edward O. Wilson, *Biophilia* (Cambridge, MA: Harvard University Press, 1986).
4. Vladica M. Veličović, "What Everyone Should Know about Statistical Correlation," *American Scientist* 103 (2015): 26–29.
5. James Orchard Halliwell-Phillipps, *The Nursery Rhymes of England: Collected Chiefly from Oral Tradition*, 4th edition (London: John Russell Smith, 1846), pp. 175–78.
6. "America's Gun Culture in 10 Charts," BBC News, March 21, 2018, https://www.bbc.com/news/world-us-canada-41488081 (accessed September 6, 2018).
7. George W. Cox, *Bird Migration and Global Change* (Covelo, CA: Island Press, 2010).
8. Kenneth Boulding, *The Meaning of the Twentieth Century: The Great Transition* (New York: Harper Collins, 1964), p. 126.
9. Population Reference Bureau, "Data Sheets," https://www.prb.org/datasheets/ (accessed September 6, 2018).
10. T. Talhelm, X. Zhang, S. Oishi, et al., "Large-Scale Differences within China Explained by Rice versus Wheat Agriculture," *Science* 344 (2014): 603–608.
11. David Rindos, *The Origins of Agriculture: An Evolutionary Perspective* (San Diego: Academic Press, 1984).
12. George H. Perry, Nathaniel J. Dominy, Katrina G. Claw, et al., "Diet and the Evolution of Human Amylase Gene Copy Number Variation," *Nature*

*Genetics* 39 (2007): 1,256–60.

13. Linus Pauling, *Vitamin C and the Common Cold* (New York: Freeman, 1970).
14. Linus Pauling, "The Significance of the Evidence about Ascorbic Acid and the Common Cold," *Proceedings of the National Academy of Sciences USA* 68 (1971): 2,678–81.
15. Harri Hemilä, "Does Vitamin C Alleviate the Symptoms of the Common Cold? A Review of Current Evidence," *Scandinavian Journal of Infectious Diseases* 26 (1994): 1–6.

## 第十章　貓咪巴多羅繆聰明嗎？

1. Anthony Trewavas, "Aspects of Plant Intelligence," *Annals of Botany* 92 (2003): 1–20.
2. Daniel Chamovitz, *What a Plant Knows: A Field Guide to the Senses* (New York: Farrar, Straus, and Giroux, 2013).
3. "Comment les arbres communiquent entre eux: découvrez le 'réseau internet' de la forêt," Francetvinfo.fr, October 26, 2017, video, http://www.francetvinfo.fr/replay-magazine/france-2/envoye-special/video-le-reseau-internet-de-la-foret_2438099.html (accessed October 26, 2017).
4. Lixiang Li, Haipeng Peng, Jürgen Kurths, et al., "Chaos-Order Transition in Foraging Behavior of Ants," *Proceedings of the National Academy of Sciences USA* 111 (2014): 8,392–97.
5. Bert Hölldobler and Edward O. Wilson, *The Superorganism: The Beauty, Elegance, and Strangeness of Insect Societies* (New York: Norton, 2008).
6. "Birds Attacking Mirrors," MassAudubon.org, https://www .massaudubon.org/learn/nature-wildlife/birds/birds-attacking-windows (accessed September 6, 2018).

7. F. Delfour and K. Marten, "Mirror Image Processing in Three Marine Mammal Species: Killer Whales (Orcinus Orca), False Killer Whales (Pseudorca Crassidens) and California Sea Lions (Zalophus Californianus)," *Behavioural Processes* 53, no. 3 (April 2001): 181–90; Kate Wong, "Dolphin Self- Recognition Mirrors Our Own," *Scientific American*, May 1, 2001, https:// www.scientificamerican.com/article/dolphin-self-recognition/ (accessed September 6, 2018).
8. Bernd Heinrich, *Ravens in Winter* (New York: Vintage, 1989).
9. John M. Marzluff, Jeff Walls, Heather N. Cornell, et al., "Lasting Recognition of Threatening People by Wild American Crows," *Animal Behaviour* 79 (2010): 699–707.
10. Katy Payne, *Silent Thunder: In the Presence of Elephants* (New York: Penguin, 1999).
11. Dale J. Langford, Sara E. Crager, Zarrar Shehzad, et al., "Social Modulation of Pain as Evidence for Empathy in Mice," *Science* 312 (2006): 1,967–70.
12. Emanuela Dalla Costa, Michela Minero, Dirk Lebelt, et al. "Development of the Horse Grimace Scale (HGS) as a Pain Assessment Tool in Horses Undergoing Routine Castration," *PLoS One* 9, no. 3 (2014): e92281, https://doi.org/10.1371/journal.pone.0092281 (accessed September 6, 2018).
13. Isaac Asimov, *Isaac Asimov's Treasury of Humor* (Boston: Houghton Mifflin, 1971), p. 184.

## 第十一章　測量你認為正在測量的事物

1. Stanley A. Rice and Ian B. Maness, "Brine Shrimp Bioassays: A Useful Technique in Biological Investigations," *American Biology Teacher* 66

(2004): 237–43.

2. Eckard Gauhl, "Photosynthetic Response to Varying Light Intensity in Ecotypes *of Solanum dulcamara* L. from Shaded and Exposed Habitats," *Oecologia* 27 (1976): 278–86.
3. J. M. Clough, James A. Teeri, and Randall S. Alberte, "Photo- synthetic Adaptation of *Solanum dulcamara* L. to Sun and Shade Environments. I. A Comparison of Sun and Shade Populations," Oecologia 38 (1979): 13–21.
4. Stanley A. Rice and Jennifer R. Griffin, "The Hornworm Assay: Useful in Mathematically-Based Biological Investigations," *American Biology Teacher* 66 (2004): 487–91.
5. Paul Hawken, Amory Lovins, and L. Hunter Lovins, *Natural Capitalism: Creating the Next Industrial Revolution* (New York: Little, Brown, 1999).
6. Eric Davidson, You Can't Eat GNP: *Economics as Though Ecology Mattered* (New York: Basic Books, 2000).
7. "Ratio between CEOs and Average Workers in the World in 2014 by Country," Statista, the Statistics Portal, https://www.statista.com/statistics/424159/pay-gap-between-ceos-and-average-workers-in-world-by-country/ (accessed September 6, 2018).
8. Emily Underwood, "A World of Difference," *Science* 344 (2014) 820–21. See also several articles immediately following this one.
9. Alan Greenspan, "The Challenge of Central Banking in a Democratic Society" (lecture, American Enterprise Institute for Public Policy Research, Washington, DC, December 5, 1996), https://www.federalreserve. gov/boarddocs/speeches/1996/19961205.htm (accessed September 6, 2018).
10. Cristina Silva, "North Korea's Kim Jong Un Is Starving His People to Pay

for Nuclear Weapons," Newsweek, March 23, 2017, https://www.newsweek.com/north-koreas-kim-jong-un-starving-his-people-pay-nuclear -weapons-573015 (accessed September 6, 2018).

11. Med Jones, "The American Pursuit of Unhappiness: Gross National Happiness/Well Being (GNH/GNW)," (policy white paper; International Institute of Management, Las Vegas, NV, last updated June 10, 2018), https:// www.iim-edu.org/grossnationalhappiness/ (accessed October 17, 2017).
12. Nicholas Enault, "Fusillade à Las Vegas: Trois chiffres ahurissants sur les armes à feu aux États-Unis," Franceinfo, October 3, 2017, http://www . francetvinfo.fr/monde/usa/fusillade-a-las-vegas/infographies-fusillade-a-las -vegas-trois-chiffres-ahurissants-sur-les-armes-a-feu-aux-etats-unis_2401188 .html (accessed October 26, 2017).
13. Aamer Madhani, "Baltimore Is the Nation's Most Dangerous City," *USA Today*, February 19, 2018, https://www.usatoday.com/story/news/2018/02/19/homicides-toll-big-u-s-cities-2017/302763002/ (accessed September 6, 2018).
14. Steve Clark, "Census Bureau: Brownsville Poorest City in U.S.," *Brownsville Herald*, November 7, 2013, https://www.brownsvilleherald.com/ news/local/census-bureau-brownsville-poorest-city-in-u-s/article_b630f374 -475c-11e3-a86e-001a4bcf6878.html (accessed September 6, 2018).
15. "Pollution: Visalia Ranked Second Worst in State," *Visalia Times Delta*, April 24, 2017, https://www.visaliatimesdelta.com/story/news/local/2017/04/24/pollution-visalia-ranked-second-worst-state/100850948/ (accessed September 6, 2018).
16. Wilson Andrews and Alicia Parlapiano, "A History of the C.I.A.'s Secret

Interrogation Program," *New York Times*, December 9, 2014, https://www.nytimes.com/interactive/2014/12/09/world/timeline-of-cias-secret-interrogation-program.html. (accessed September 6, 2018).

17. Jeremy Ashkenas, Hannah Fairfield, Josh Keller, et al., "7 Key Points from the CIA Torture Report," *New York Times*, December 9, 2014, https://www.nytimes.com/interactive/2014/12/09/world/cia-torture-report-key-points.html (accessed October 17, 2017).
18. Mazin Sidahmed, "Trump: 'Torture Works,'" *Guardian*, January 26, 2017, https://www.theguardian.com/us-news/2017/jan/26/donald-trump -torture-works (accessed October 17, 2017).
19. Stanley A. Rice, Erica A. Corbett, and Sara N. Henry, "Extent and Variability of Herbivore Damage on Leaves of Post Oaks (*Quercus stellata* Wangenh.) (Fagaceae) in South Central Oklahoma." In review, *Journal of the Botanical Research Institute of Texas*.
20. Michael M. Yartsev, "The Emperor's New Wardrobe: Rebalancing Diversity of Animal Models in Neuroscience Research," *Science* 358 (2017): 466–69.
21. Emily Atkin, "How James Inhofe Snowballed the EPA," *New Republic*, April 23, 2018, https://newrepublic.com/article/148016/james-inhofe-snowballed-epa (accessed September 6, 2018).
22. Josh Levin, "Advantage: Sun," *Slate*, January 16, 2014, http://www .slate.com/articles/sports/sports_nut/2014/01/_2014_australian_open _it_s_110_degrees_at_the_australian_open_why_don_t.html (accessed September 6, 2018).
23. D. J. Wuebbles, D. R. Easterling, K. Hayhoe, et al., "Chapter 1: Our Globally Changing Climate," in *Climate Science Special Report: Fourth National Climate Assessment (NCA4)*, vol. 1 (Washington, DC: US Global

Change Research Program, 2017), https://science2017.globalchange.gov/chapter/1/ (accessed November 6, 2017).

24. Xianyao Chen and Ka-Kit Tung, "Varying Planetary Heat Sink Led to Global Warming Slowdown and Acceleration," *Science* 345 (2014): 897–903.

## 第十二章　唉呀，我那時還沒想到

1. Robert E. Sorge, Loren J. Martin, Kelsey A. Isbester, et al., "Olfactory Exposure to Males, Including Men, Causes Stress and Related Analgesia in Rodents," *Nature Methods* 11 (2014): 629–32.
2. Richard Dawkins, *River Out of Eden: A Darwinian View of Life* (New York: Basic Books, 1996).
3. Michael J. Behe, *Darwin's Black Box: The Biochemical Challenge to Evolution* (New York: Free Press, 2006).
4. Kenneth R. Miller, "The Mousetrap Analogy or Trapped by Design," http://www.millerandlevine.com/km/evol/DI/Mousetrap.html (accessed September 6, 2018).
5. Charles Darwin, *The Origin of Species by Means of Natural Selection or the Preservation of Favoured Races in the Struggle for Life* (London: Andrew Murray, 1859), chapt. 6.
6. Dawkins, *River Out of Eden*.

## 第十三章　每個人都有偏見，除了我以外

1. "About CRS," Congressional Research Service, last updated April 19, 2018, http://www.loc.gov/crsinfo/about/ (accessed October 28, 2017).
2. Jonathan Weisman, "Non-Partisan Tax Report Withdrawn after GOP Protest," *New York Times*, November 1, 2012, http://www.nytimes.com/

2012/11/02/business/questions-raised-on-withdrawal-of-congressional-research-services-report-on-tax-rates.html?_r=0 (accessed October 29, 2017).

3. Slavenka Kam-Hansen et al., "Altered Placebo and Drug Labeling Changes the Outcome of Episodic Migraine Attacks," *Science Translational Medicine* 6 (2014): 218ra5.
4. A. Tinnermann, S. Geuter, C. Sprenger, et al., "Interactions between Brain and Spinal Cord Mediate Value Effects in Nocebo Hyperalgesia," *Science* 358 (2017): 105–108.
5. B. M. Farr and J. M. Gwaltney Jr., "The Problems of Taste in Placebo Matching: An Evaluation of Zinc Gluconate for the Common Cold," *Journal of Chronic Diseases* 40 (1987): 875–79.
6. A. J. Espay et al., "Placebo Effect of Medication Cost in Parkinson Disease: A Randomized, Double-Blind Study," *Neurology* 84 (2015): 794–802.
7. Kelly Servick, "'Nonadherence': A Bitter Pill for Drug Trials," *Science* 346 (2014): 288–89.
8. Kelly Servick, "Outsmarting the Placebo Effect," *Science* 345 (2014): 1,446–47.
9. Stefano Balietti, "Here's How Competition Makes Peer Review More Unfair," The Conversation, August 8, 2016, http://theconversation .com/heres-how-competition-makes-peer-review-more-unfair-62936 (accessed November 7, 2017).
10. Thomas S. Kuhn, *The Structure of Scientific Revolutions* (Chicago: University of Chicago Press, 1962).
11. Luis W. Alvarez et al., "Extraterrestrial Cause for the Cretaceous -Tertiary Extinction," *Science* 208 (1980): 1,095–1,107.

12. "Heavener Runestone," Atlas Obscura, https://www.atlasobscura .com/places/heavener-runestone (accessed September 8, 2018).
13. Wesley Treat, *Weird Oklahoma* (New York: Sterling, 2011).
14. Lynn Sagan, "On the Origin of Mitosing Cells," *Journal of Theoretical Biology* 14 (1967): 255–74.
15. Laasya Samhita and Hans J. Gross, "The 'Clever Hans Phenomenon' Revisted," *Communicative & Integrative Biology* 6, no. 6 (2013): e27122.
16. "Mia Moore: The DOG Who Can Count and Read!" Talent Recap, last updated June 5, 2017, https://www.youtube.com/ watch?v=g4T6UaCWk8Y (accessed September 8, 2018).
17. Robert Trivers, *The Folly of Fools: The Logic of Deceit and Self-Deception in Human Life* (New York: Basic Books, 2011).
18. Adrian Desmond and James Moore, *Darwin's Sacred Cause: How a Hatred of Slavery Shaped Darwin's Views on Human Evolution* (New York: Houghton Mifflin Harcourt, 2009).
19. Terry Shropshire, "Bill O'Reilly Says Slaves Who Built White House Were Treated Well," *Atlanta Daily World*, July 27, 2016, https://atlantadailyworld.com/2016/07/27/bill-oreilly-says-slaves-who-built-white -house-were-treated-well/ (accessed October 29, 2017).
20. Herbert Benson, Jeffrey A. Dusek, Jane B. Sherwood, et al., "Study of the Therapeutic Effects of Intercessory Prayer (STEP) in Cardiac Bypass Patients: A Multicenter Randomized Trial of Uncertainty and Certainty of Receiving Intercessory Prayer," *American Heart Journal* 151 (2006): 934–42.

## 第十四章　相信我們，我們是科學家

1. Naomi Oreskes and Erik M. Conway, *Merchants of Doubt: How a*

*Handful of Scientists Obscured the Truth on Issues from Tobacco Smoke to Global Warming* (New York: Bloomsbury, 2011).

2. Stanley A. Rice, *Green Planet: How Plants Keep the Earth Alive* (New Brunswick, NJ: Rutgers University Press, 2009).
3. A. Baccini, W. Walker, L. Carvalho, et al., "Tropical Forests Are a Net Carbon Source Based on Aboveground Measurements of Gain and Loss," *Science* 358 (2017): 230–34.
4. Dominik Thom, Werner Rammer, and Rupert Seidl, "The Impact of Future Forest Dynamics on Climate: Interactive Effects of Changing Vegetation and Disturbance Regimes," *Ecological Monographs* 87 (2017): 665–84.
5. Seema Jayachandran, Joost de Laat, Eric F. Lambin, et al., "Cash for Carbon: A Randomized Trial of Payments for Ecosystem Services to Reduce Deforestation," *Science* 357 (2017): 267–73.
6. Dennis K. Flaherty, "The Vaccine-Autism Connection: A Public Health Crisis Caused by Unethical Medical Practices and Fraudulent Science," *Annals of Pharmacotherapy* 45 (2011): 1,302–304.
7. E. J. Gangarosa, A. M. Galazka, C. R. Wolfe, et al., "Impact of Anti-Vaccine Movements on Pertussis Control: The Untold Story," *Lancet* 351 (1998): 356–61.
8. Michael E. Mann, "I'm a Scientist Who Has Gotten Death Threats. I Fear What May Happen under Trump," *Washington Post*, December 16, 2016, https://www.washingtonpost.com/opinions/this-is-what-the-coming-attack-on-climate-science-could-look-like/2016/12/16/e015cc24-bd8c-11e6-94ac-3d324840106c_story.html?utm_term=.5c8914ddcb3b (accessed October 18, 2017).
9. Upton Sinclair, *I, Candidate for Governor: And How I Got Licked* (Berkeley: University of California, 1994), p. 109.

10. Simon Bowers, "Climate-Skeptic US Senator Given Funds by BP Political Action Committee," *Guardian*, March 22, 2015, https://www .theguardian.com/us-news/2015/mar/22/climate-sceptic-us-politician-jim -inhofe-bp-political-action-committee (accessed September 8, 2018).
11. Chris Mooney, "Forget about That Snowball—Here's What Climate Change Could Actually Do to Our Winters," *Washington Post*, March 3, 2015, https://www.washingtonpost.com/news/energy-environment/wp/2015/ 03/03/what-science-and-religion-have-to-say-about-james-inhofes-terrible -snowball-stunt/?utm_term=.247b5e160411 (accessed October 31, 2017).
12. Linda Lear, "The Life and Legacy of Rachel Carson," Rachel Carson.org, 2018, http://www.rachelcarson.org (accessed October 31, 2017).
13. Rachel Carson, *Silent Spring* (New York: Houghton Mifflin, 1962).
14. Paul A. Offit, *Pandora's Lab: Seven Stories of Science Gone Wrong* (Washington, DC: National Geographic, 2017), chap. 6.
15. Rachel Carson, *Silent Spring* (New York: Mariner Books, 2002), pp. 156, 164.
16. Clyde Haberman, "Rachel Carson, DDT, and the Fight against Malaria," *New York Times*, January 22, 2017, https://www.nytimes.com/ 2017/01/22/us/rachel-carson-ddt-malaria-retro-report.html (accessed October 31, 2017).
17. David A. Fahrenthold, "Bill to Honor Rachel Carson on Hold," *Washington Post*, May 23, 2007, http://www.washingtonpost.com/wp-dyn/content/article/2007/05/22/AR2007052201574.html (accessed October 31, 2017).
18. David Payton, "Rachel Carson (1907–1964)," NASA Earth Observatory, November 13, 2002, https://earthobservatory.nasa.gov/ Features/Carson/

Carson3.php (accessed October 31, 2017).

19. Mireya Villareal, "Lawsuit Accuses Monsanto of Manipulating Research to Hide Roundup Dangers," CBS News, March 15, 2017, https:// www.cbsnews.com/news/lawsuit-accuses-monsanto-of-manipulating-research-to-hide-roundup-dangers/ (accessed October 31, 2017).
20. Stuart H. Hurlbert, "Pseudoreplication and the Design of Ecological Field Experiments," *Ecological Monographs* 54 (1984): 187–211.
21. Felisa Wolfe-Simon, Jodi Switzer Blum, Thomas R. Kulp, et al., "A Bacterium That Can Grow by Using Arsenic Instead of Phosphorus," *Science* 332 (2011): 1,163–66.
22. Elizabeth Pennisi, "Concerns about Arsenic-Laden Bacterium Aired," *Science* 332 (2011): 1136–37.
23. David Goodstein, *On Fact and Fraud: Cautionary Tales from the Front Lines of Science* (Princeton, NJ: Princeton University Press, 2010).
24. Oliver Gillie, "Did Sir Cyril Burt Fake His Research on Heritability of Intelligence? Part 1," *Phi Delta Kappan* 58 (1977): 469–71.
25. Mark Israel, *Research Ethics and Integrity for Social Scientists: Beyond Regulatory Compliance* (Thousand Oaks, CA: SAGE, 2014).
26. Woo Suk Hwang, Young June Ryu, Jong Hyuk Park, et al., "Evidence of a Pluripotent Human Embryonic Stem Cell Line Derived from a Cloned Blastocyst," *Science* 303 (2004): 1,669–74.
27. Helen Pearson, "Forensic Software Traces Tweaks to Images," *Nature* 439 (2006): 520–21.
28. J. A. Byrne, D. A. Pedersen, L. L. Clepper, et al., "Producing Primate Embryonic Stem Cells by Somatic Cell Nuclear Transfer," *Nature* 450 (2007): 497–502.
29. Junying Yu, Maxim A. Vodyanik, Kim Smuga-Otto, et al., "Induced

Pluripotent Stem Cell Lines Derived from Human Somatic Cells," *Science* 318 (2007): 1,917–20; Kazutoshi Takahashi, Koji Tanabe, Mari Ohnuki, et al., "Induction of Pluripotent Stem Cells from Adult Human Fibroblasts by Defined Factors," *Cell* 131 (2007): 861–72.

30. Haruko Obokata, Teruhiko Wakayama, Yoshiki Sasai, et al., "Stimulus-Triggered Fate Conversion of Somatic Cells into Pluripotency," *Nature* 505 (2014): 641–47.
31. Dennis Normile, "Senior RIKEN Scientist Involved in Stem Cell Scandal Commits Suicide," *Science*, August 5, 2014, http://www.sciencemag .org/news/2014/08/senior-riken-scientist-involved-stem-cell-scandal -commits-suicide (accessed September 7, 2018).
32. Michaela Jarvis, "AAAS Adopts Scientific Freedom and Responsibility Statement," *Science* 358 (2017): 462.
33. Stanley A. Rice, "*Honest Ab: Evolution and Related Topics* (blog)," 2018, http://www.honest-ab.blogspot.com (accessed August 14, 2018).
34. Tom Spears, "Blinded by Scientific Gobbledygook," *Ottawa Citizen*, April 21, 2014, http://ottawacitizen.com/news/local-news/blinded-by -scientific-gobbledygook (accessed November 1, 2017).
35. Andrew M. Sternet al., "Financial Costs and Personal Consequences of Research Conduct Resulting in Retracted Publications," eLife 3 (2014): PMC 4132287.
36. Rick Weiss, "Nip Misinformation in the Bud," *Science* 358 (2017): 427.

## 第十五章　受困

1. Sam Kean, *The Tale of the Dueling Neurosurgeons* (New York: Little, Brown, 2014), chap. 10.
2. Richard Dawkins, *The God Delusion* (New York: Houghton Mifflin,

2006), pp. 127–28.

## 第十六章　你指的到底是什麼？為什麼科學家（應該）小心定義他們的詞彙？

1. Ambrose Bierce, *The Unabridged Devil's Dictionary* (Athens, GA: University of Georgia Press, 2002).
2. Benjamin D. Levine and James Stray-Gundersen, "“‘Living High- Training Low’: Effect of Moderate-Altitude Acclimatization with Low- Altitude Training on Performance," *Journal of Applied Physiology* 83 (1997): 102–12.
3. Lawrence P. Greska, Hilde Spielvogel, and Esperanza Caceres, "Total Lung Capacity in Young Highlanders of Aymara Ancestry," *American Journal of Physical Anthropology* 94 (1994): 477–86.
4. Lawrence P. Greska, "Evidence for a Genetic Basis to the Enhanced Total Lung Capacity of Andean Highlanders," *Human Biology* 68 (1996): 119–29; Tatum S. Simonson, Yingzhong Yang, Chad D. Huff, et al., "Genetic Evidence for High-Altitude Adaptation in Tibet," *Science* 329 (2010): 72–75.
5. Stanley A. Rice, "Adaptation," in *Encyclopedia of Evolution* (New York: Facts on File, 2007), p. 1.
6. Samuel H. Taylor, Stephen P. Hulme, Mark Rees, et al., "Ecophysiological Traits in $C_3$ and $C_4$ Grasses: A Phylogenetically Controlled Screening Experiment," *New Phytologist* 185 (2009): 780–91.
7. Joseph Felsenstein, "Phylogenies and the Comparative Method," *American Naturalist* 125 (1985): 1–15.

## 第十七章　自然淘汰：有史以來最大的概念

1. Percy Bysshe Shelley, "The Cloud," Poetry Foundation, https://www.poetryfoundation.org/poems/45117/the-cloud-56d2247bf4112 (accessed September 10, 2018).
2. Genesis 1:7 (King James Bible).
3. Leonard Huxley, *Life and Letters of Thomas Henry Huxley, Vol. I* (New York: D. Appleton, 1913), p. 183.
4. Ernst Mayr, *The Growth of Biological Thought: Diversity, Evolution, and Inheritance* (Cambridge, MA: Harvard University Press, 1982).
5. Randall Fuller, *The Book That Changed America: How Darwin's Theory of Evolution Ignited a Nation* (New York: Viking, 2017).
6. Charles Darwin, *The Origin of Species by Means of Natural Selection or the Preservation of Favoured Races in the Struggle for Life* (New York: New American Library, 1958).
7. Immanuel Kant, *Critique of Judgment*, trans. J. H. Bernard (Mineola, NY: Dover, 2005).
8. Darwin, "Introduction," *Origin of Species*.
9. Michael Pollan, *The Botany of Desire: A Plant's-Eye View of the World* (New York: Random House, 2001).
10. Stephen Budiansky, *Covenant of the Wild: Why Animals Chose Domestication* (New York: William Morrow, 1992).
11. Clare Holden and Ruth Mace, "Phylogenetic Analysis of the Evolution of Lactose Digestion in Adults," *Human Biology* 81 (2009): 597–619. Sarah A. Tishkoff, Floyd A. Reed, Alessia Ranciaro, et al., "Convergent Adaptation of Human Lactase Persistence in Africa and Europe," *Nature Genetics* 39 (2006): 31–40.

12. Mark Sumner, *The Evolution of Everything: How Selection Shapes Culture, Commerce, and Nature* (Sausalito, CA: Polipoint, 2010).
13. Richard Dawkins, *The Extended Phenotype: The Long Reach of the Gene*, rev. ed. (Oxford, UK: Oxford University Press, 1999).
14. Paul E. Smaldino and Richard McElreath, "The Natural Selection of Bad Science," *Royal Society Open Science* 3, no. 160384 (September 2016), http://rsos.royalsocietypublishing.org/content/3/9/160384 (accessed November 7, 2017).
15. Darwin, *Origin of Species*, chap. 1.
16. Susan Blackmore and Richard Dawkins, *The Meme Machine*, rev. ed. (Oxford, UK: Oxford University Press, 2000).
17. Robert Douglas-Fairhurst, "Introduction," in Charles Dickens, *A Christmas Carol and other Christmas Books* (Oxford: Oxford University Press, 2006), pp. vii–xxix.
18. Steven Johnson, *Where Good Ideas Come From: The Natural History of Innovation* (New York: Penguin, 2010).
19. David B. Fogel, *Evolutionary Computation: The Fossil Record* (Hoboken, NJ: John Wiley, 1998). This book is outdated but explains what makes these algorithms evolution.
20. Lee Smolin, *The Life of the Cosmos* (New York: Oxford University Press, 1999).
21. Stephen Hawking, *Black Holes and Baby Universes* (New York: Bantam, 1994).

## 第十八章　重新發現人性

1. Genesis 6:5 (King James Bible).
2. Jeremiah 17:9 (World English Bible).

3. Stanley A. Rice, *Life of Earth: Portrait of a Beautiful, Middle-Aged, Stressed-Out World* (Amherst, NY: Prometheus Books, 2012), chap. 6.
4. Lee Alan Dugatkin, "Inclusive Fitness Theory from Darwin to Hamilton," *Genetics* 176 (2007): 1,375–80.
5. Robert L. Trivers, "The Evolution of Reciprocal Altruism," *Quarterly Review of Biology* 46 (1971): 35–57.
6. Ecclesiastes 4:10 (King James Bible).
7. Martin A. Nowak and Karl Sigmund, "The Evolution of Indirect Reciprocity," *Nature* 437 (2005): 1,291–98.
8. Martin A. Nowak and Roger Highfield, *Super Cooperators: Altruism, Evolution, and Why We Need Each Other to Succeed* (New York: Free Press, 2011).
9. Frans De Waal, *The Age of Empathy: Nature's Lessons for a Kinder Society* (New York: Crown, 2010).
10. Dacher Keltner, *Born to Be Good: The Science of a Meaningful Life* (New York: Norton, 2009); Michael Shermer, *The Science of Good and Evil: Why People Cheat, Gossip, Care, Share, and Follow the Golden Rule* (New York: Henry Holt, 2004).
11. Steven Pinker, *The Better Angels of Our Nature: Why Violence Has Declined* (New York: Penguin, 2012).
12. Mark Landler, "Results of Secret Nazi Breeding Program: Ordinary Folks," *New York Times*, November 7, 2006, http://www.nytimes.com/2006/11/07/world/europe/07nazi.html (accessed July 8, 2011).
13. Thomas Jefferson to Gov. John Langdon, March 5, 1810, in *Thomas Jefferson: Writings*, ed. Merrill D. Peterson (New York: Library of America, 1984), pp. 1,218–22.
14. Michael J. Heckenberger, J. Christian Russell, Carlos Fausto, et al., "Pre-

Columbian Urbanism, Anthropogenic Landscapes, and the Future of the Amazon," *Science* 321 (2008): 1,214–17.

15. Thomas Jefferson to José Corrêa da Serra, April 11, 1820, in Founders Online, National Archives, https://founders.archives.gov/ documents/Jefferson/98-01-02-1213 (accessed September 6, 2018).
16. Andrew Newberg, Eugene D'Aquili, and Vince Rause, *Why God Won't Go Away: Brain Science and the Biology of Belief* (New York: Ballantine, 2002).
17. Jesse Bering, *The Belief Instinct: The Psychology of Souls, Destiny, and the Meaning of Life* (New York: Norton, 2012).
18. Nicholas Mosley, *Hopeful Monsters* (Elmwood, IL: Dalkey Archive Press, 1991).
19. Sam Harris, *The Moral Landscape: How Science Can Determine Human Values* (New York: Free Press, 2011).
20. Thomas Jefferson to Peter Carr, August 10, 1787, in Thomas Jefferson Foundation, http://tjrs.monticello.org/letter/1297 (accessed September 10, 2018).

## 第四部：科學在世界上的角色

1. Bill McKibben, *Eaarth: Making a Life on a Tough New Planet* (New York: St. Martin's Griffin, 2011).
2. Emily Langer, "Vern Ehlers, Nuclear Physicist Who Went to Congress, Dies at 83," *Washington Post*, August 17, 2017, https://www . washingtonpost.com/local/obituaries/vern-ehlers-nuclear-physicist-who -went-to-congress-dies-at-83/2017/08/17/ca6010c8-82d1-11e7-b359 -15a3617c767b_story.html?utm_term=.248709a34a2e (accessed September 9, 2018); Claudia Politician Who Knows Quantum

Mechanics," *New York Times*, November 24, 1998, https://www.nytimes.com/1998/11/24/science/a-conversation-with -rush-holt-at-last-a-politician-who-knows-quantum-mechanics.html (accessed September 9, 2018).

## 第十九章　政治世界中的科學家

1. Leigh Phillips, "US Northeast Coast Is Hotspot for Rising Sea Levels," *Nature*, June 24, 2012, https://www.nature.com/news/us-northeast -coast-is-hotspot-for-rising-sea-levels-1.10880 (accessed November 9, 2017).
2. Kelly Servick, "House Subpoenas Revives Battle over Air Pollution Studies," *Science* 341 (2013): 604.
3. Roland Bénabou and Jean Tirole, "Belief in a Just World and Redistributive Politics," *Quarterly Journal of Economics* 121 (2006): 699–746; Matthew Feinberg and Robb Willer, "Apocalypse Soon? Dire Messages Reduce Belief in Global Warming by Contradicting Just World Beliefs," *Psychological Science* 22 (2011): 34–38.
4. Valery Soyfer, *Lysenko and the Tragedy of Soviet Science* (New Brunswick, NJ: Rutgers University Press, 1994).
5. Peter Pringle, *The Murder of Nikolai Vavilov: The Story of Stalin's Persecution of One of the Great Scientists of the Twentieth Century* (New York: Simon and Schuster, 2008).
6. Naomi Oreskes and Erik M. Conway, *Merchants of Doubt: How a Handful of Scientists Obscured the Truth on Issues from Tobacco Smoke to Global Warming* (New York: Bloomsbury, 2011).
7. Mikhail F. Denissenko, Annie Pao, Moon-shong Tang, et al., "Preferential Formation of Benzo[a]pyrene Adducts at Lung Cancer Mutational Hotspots in P53," *Science* 274 (1996): 430–32.

8. Ibid.
9. J. Slade, L. A. Bero, P. Hanauer, et al., "Nicotine and Addiction: The Brown and Williamson Documents," *Journal of the American Medical Association (JAMA)* 274 (1995): 225–33.
10. Barry Meier, "Cigarette Makers and States Draft a $206 Billion Deal," *New York Times,* November 14, 1998, http://www.nytimes.com/1998/11/14/us/cigarette-makers-and-states-draft-a-206-billion-deal.html (accessed November 9, 2017).
11. Oreskes and Conway, *Merchants of Doubt*.
12. Alix Spiegel, "The Secret History behind the Science of Stress," National Public Radio, July 7, 2014, https://www.npr.org/sections/health-shots/2014/07/07/325946892/the-secret-history-behind-the-science-of-stress (accessed November 9, 2017).
13. John F. Kennedy, "Extract from John F. Kennedy's Remarks at Dinner Honoring Nobel Prize Winners of the Western Hemisphere" (speech, White House, Washington, DC, April 29, 1962), Gerhard Peters and John T. Woolley, eds., American Presidency Project, http://tjrs.monticello.org/letter/1856 (accessed September 10, 2018).
14. Carroll W. Pursell, *Technology in America: A History of Individuals and Ideas*, 2nd ed. (Boston: MIT Press, 1990).
15. Ibid.

## 第二十章　誰是你最愛的科學家，為什麼？

1. Gary R. Kremer, ed., *George Washington Carver: In His Own Words* (Columbia: University of Missouri Press, 1991).
2. Ibid.
3. S. R. Gliessman, R. E. Garcia, and M. A. Amador, "The Ecological Basis

for the Application of Traditional Agricultural Technology in the Management of Tropical Agro-Ecosystems," *Agro-Ecosystems* 7 (1981): 173–85.

## 第二十一章　業餘者和專家

1. David George Haskell, *The Forest Unseen: A Year's Watch in Nature* (New York: Penguin, 2013).
2. Richard Mabey, *Gilbert White: A Biography of the Author of the Natural History of Selborne* (Charlottesville: University of Virginia Press, 2007).
3. Adrian Desmond and James Moore, *Darwin: The Life of a Tormented Evolutionist* (New York: Time Warner, 1992), p.27.
4. Verlyn Klinkenborg, *Timothy: Or, Notes of an Abject Reptile* (New York: Vintage, 2007).
5. Richard B. Primack, *Walden Warming: Climate Change Comes to Thoreau's Woods* (University of Chicago Press, 2014); A. J. Miller-Rushing and R. B. Primack, "Global Warming and Flowering Times in Thoreau's Concord: A Community Perspective," *Ecology* 89 (2008): 332–41.
6. 6. Charles C. Davis, Charles G. Willis, Bryan Connolly, et al., "Herbarium Records Are Reliable Sources of Phenological Change Driven by Climate and Provide Novel Insights into Species' Phenological Cueing Mechanisms," *American Journal of Botany* 102 (2015): 1,599–609.
7. "Projects," Citizen Science Alliance, https://www.zooniverse.org/ projects (accessed November 14, 2017).

## 第二十二章　科學是一場冒險

1. Athena Yenko, "Mount Everest Becomes Highest Garbage Dump in the

World,'" *Tech Times*, June 18, 2018, https://www.techtimes.com/articles/230453/20180618/mount-everest-becomes-highest-garbage-dump-in-the-world.htm (accessed September 9, 2018).

2. John Markoff, "Parachutist's Record Fall: Over 25 Miles in 15 Minutes," *New York Times*, October 24, 2014, https://www.nytimes.com/2014/10/25/science/alan-eustace-jumps-from-stratosphere-breaking-felix-baumgartners-world-record.html (accessed September 9, 2018).
3. Kevin Krajick, "Ice Man: Lonnie Thompson Scales the Peaks for Science," *Science* 298 (2002): 518–22.
4. Patricia Sullivan, "Obituary: Jerri Nielsen; Doctor Battled Cancer at South Pole," *Washington Post*, June 26, 2009, http://www.washingtonpost.com/wp-dyn/content/article/2009/06/24/AR2009062403094.html (accessed September 9, 2018).
5. John Horgan, *The End of Science* (New York: Broadway Books, 1997).
6. Natalie Angier, *The Canon: A Whirligig Tour of the Beautiful Basics of Science* (New York: Mariner Books, 2008).
7. Francis Crick, *What Mad Pursuit: A Personal View of Scientific Discovery* (New York: Basic Books, 1990).
8. Carl Sagan, *The Dragons of Eden: Speculations on the Evolution of Human Intelligence* (New York: Random House, 1977).
9. Lynn Margulis, *Symbiotic Planet: A New Look at Evolution* (New York: Basic Books, 1998).
10. Charles Darwin, *The Descent of Man, and Selection in Relation to Sex* (New York: Penguin, 2004).

## 後記　一個美麗的世界

1. Edward O. Wilson, *Letters to a Young Scientist* (New York: Norton, 2013).

2. Mario Livio, *Why? What Makes Us Curious* (New York: Simon and Schuster, 2017).
3. "StanEvolve: The Darwin Channel," Stanley A. Rice, last updated April 20, 2018, http://www.youtube.com/StanEvolve (accessed August 14, 2018).
4. "Cherokee Nation Principal Chief Presents State of the Nation Address on Saturday," Cherokee Nation, September 2, 2009, http://www .cherokee.org/News/Stories/24056 (accessed September 12, 2018).
5. Edward O. Wilson, *Consilience: The Unity of Knowledge* (New York: Knopf, 1998).
6. Albert Einstein, *Living Philosophies* (New York: Simon and Schuster, 1931).
7. Lewis Thomas, *The Fragile Species* (New York: Scribner, 1992).

# 中英文對照表

## A

| | |
|---|---|
| Abélard, Peter | 彼得・阿伯拉爾 |
| accuracy vs. precision | 準確 vs. 精確 |
| activation energy | 活化能 |
| acupuncture | 針灸 |
| adaptation, meanings of | 適應的意義 |
| addiction | 上癮 |
| agency (causation) | 機制（因果） |
| agriculture | 農業 |
| effect on human evolution | 農業對人類演化的影響 |
| effect on human societ | 農業對人類社會的影響 |
| origin of | 農業的起源 |
| alder bushes | 赤楊木 |
| altruism | 利他行為 |
| Alvarez hypothesis (asteroid) | 阿爾瓦雷茨假設（小行星） |
| amateur | 業餘（的） |
| American Association for the Advancement of Science | 美國科學促進會 |
| ants | 螞蟻 |
| appearance of intelligence in | 螞蟻智慧的外觀 |
| experiment | 螞蟻實驗 |
| arsenic life-forms | 砷的生命形式 |
| artificial selection | 人工選擇 |
| asteroid | 小行星 |
| astronomy | 天文學 |

| | |
|---|---|
| Hawken, Paul | 保羅・霍肯 |
| Hawking, Stephen | 史蒂芬・霍金 |
| heart disease, effect of prayer on | 祈禱對心臟疾病的效果 |
| Heavener Runestone | 赫文納如尼石刻 |
| Hemingway, Ernest | 厄尼斯特・海明威 |
| herbivory, oak leaves | 草食性的，橡樹葉 |
| history effect | 歷史效應 |
| Holmes, Sherlock | 夏洛克・福爾摩斯 |
| Holt, Rush | 魯殊・霍爾 |
| *Hopeful Monsters* (Mosley) | 《有希望的怪物》（莫斯利） |
| Horgan, John | 賀謹 |
| hornworms | 菸草天蛾 |
| human | 人類 |
| evolution | 人類演化 |
| extinction | 人類滅絕 |
| nature | 人性 |
| races | 人類種族 |
| Huxley, Thomas Henry | 湯瑪斯・亨利・赫胥黎 |
| Hwang, Woo-Suk | 黃禹錫 |
| hypothesis | 假設 |
| characteristics of | 假設的特點 |
| origin of | 假設的起源 |
| null hypothesis | 虛無假設 |

## I

| | |
|---|---|
| illusion | 幻覺 |
| Inhofe, Jim | 吉姆・殷荷菲 |
| *Insider, The* (movie) | 《驚爆內幕》（電影） |

| | |
|---|---|
| *Silent Spring* (Carson) | 《寂靜的春天》（卡森） |
| Simpson, George Gaylord | 喬治・蓋洛德・辛普森 |
| slavery | 奴隸制度 |
| Smeesters, Dirk | 德克・史密斯特 |
| Smith, Lamar | 拉瑪爾・史密斯 |
| Smith Woodward, Arthur | 亞瑟・史密斯・伍德瓦德 |
| Smolin, Lee | 李・斯莫林 |
| Snow, C. P. | 斯諾 |
| Solzhenitsyn, Aleksandr | 亞歷山大・索忍尼辛 |
| speciation | 物種形成 |
| spiders and grasshoppers | 蜘蛛和蚱蜢 |
| experiment | 蜘蛛和蚱蜢實驗 |
| Stapel, Diederik | 德里克・斯塔佩爾 |
| statistical | 統計 |
| analysis | 統計分析 |
| probability | 統計可能性 |
| significance | 統計顯著性 |
| stem cells | 幹細胞 |
| stocking rate | 放牧率 |
| supercomputer | 超級電腦 |
| superorganism | 超級有機體 |
| synesthesia | 共感覺 |

**T**

| | |
|---|---|
| taste | 味道 |
| temperature, measurement of | 測量溫度 |
| theory | 理論 |
| Thomas, Lewis | 路易士・湯姆斯 |

| | |
|---|---|
| visual light adjustments | 視覺光線調節 |
| vitamin C and colds | 維生素 C 和感冒 |

**W**

| | |
|---|---|
| Wangchuck, Jigme Singye | 吉格梅・辛格・旺楚克 |
| Watson, James | 詹姆斯・華生 |
| wealth, uneven distribution of | 財富不平均分配 |
| Wells, H. G. | 威爾斯 |
| Whewell, William | 威廉・休爾 |
| White, Gilbert | 吉爾伯特・懷特 |
| Wilson, Edward O. | 愛德華・威爾遜 |
| Wolfe-Simon, Felisa | 費麗莎・沃夫西門 |

**Y**

| | |
|---|---|
| Yamanaka, Shinya | 山中伸彌 |

**Z**

| | |
|---|---|
| Zimmer, Carl | 卡爾・齊默 |

國家圖書館出版品預行編目資料

像科學家一樣思考：明辨是非、避免偏誤，新世代必備的核心素養 / 史坦利・萊斯（Stanley A. Rice）著；李延輝 譯. -- 初版. -- 臺北市：商周出版：家庭傳媒城邦分公司發行, 2020.04
面： 公分. --
ISBN 978-986-477-817-1（平裝）
1.科學 2.通俗作品
307.9 109003514

# 像科學家一樣思考：
## 明辨是非、避免偏誤，新世代必備的核心素養

**原著書名** / Scientifically Thinking: How to Liberate Your Mind, Solve the World's Problems, and Embrace the Beauty of Science
**作者** / 史坦利・萊斯（Stanley A. Rice）
**譯者** / 李延輝
**責任編輯** / 張詠翔

**版權** / 黃淑敏、林心紅
**行銷業務** / 莊英傑、周丹蘋、黃崇華、周佑潔
**總編輯** / 楊如玉
**總經理** / 彭之琬
**事業群總經理** / 黃淑貞
**發行人** / 何飛鵬
**法律顧問** / 元禾法律事務所 王子文律師
**出版** / 商周出版
城邦文化事業股份有限公司
臺北市中山區民生東路二段141號9樓
電話：(02) 2500-7008 傳眞：(02) 2500-7759
E-mail：bwp.service@cite.com.tw
Blog：http://bwp25007008.pixnet.net/blog
**發行** / 英屬蓋曼群島商家庭傳媒股份有限公司城邦分公司
臺北市中山區民生東路二段141號2樓
書虫客服服務專線：(02) 2500-7718・(02) 2500-7719
24小時傳眞服務：(02) 2500-1990・(02) 2500-1991
服務時間：週一至週五09:30-12:00・13:30-17:00
郵撥帳號：19863813 戶名：書虫股份有限公司
讀者服務信箱E-mail：service@readingclub.com.tw
歡迎光臨城邦讀書花園 網址：www.cite.com.tw
**香港發行所** / 城邦（香港）出版集團有限公司
香港灣仔駱克道193號東超商業中心1樓
電話：(852) 2508-6231 傳眞：(852) 2578-9337
E-mail：hkcite@biznetvigator.com
**馬新發行所** / 城邦(馬新)出版集團 Cité (M) Sdn. Bhd.
41, Jalan Radin Anum, Bandar Baru Sri Petaling,
57000 Kuala Lumpur, Malaysia
電話：(603) 9057-8822 傳眞：(603) 9057-6622
Email：cite@cite.com.my

**封面設計** / 兒日設計
**排版** / 新鑫電腦排版工作室
**印刷** / 韋懋實業有限公司
**經銷商** / 聯合發行股份有限公司
電話：(02) 2917-8022 傳眞：(02) 2911-0053
地址：新北市231新店區寶橋路235巷6弄6號2樓

■2020年04月初版
■2023年11月初版2.1刷
**定價 400 元**

Printed in Taiwan
城邦讀書花園
www.cite.com.tw


ISBN 978-986-477-817-1

商周出版

| 廣　告　回 |
| --- |
| 北區郵政管理登記 |
| 台北廣字第000791 |
| 郵資已付，免貼郵 |

104台北市民生東路二段141號2樓

**英屬蓋曼群島商家庭傳媒股份有限公司　城邦分公司**

請沿虛線對摺，謝謝！

商周出版

**書號：**BU0159　**書名：**像科學家一樣思考　**編碼：**

請於此處用膠水黏貼

商周出版

# 讀者回函卡

感謝您購買我們出版的書籍！請費心填寫此回函卡，我們將不定期寄上城邦集團最新的出版訊息。

不定期好禮相贈！
立即加入：商周出版
Facebook 粉絲團

姓名：＿＿＿＿＿＿＿＿＿＿ 性別：□男 □女

生日：西元＿＿＿＿年＿＿＿＿月＿＿＿＿日

地址：＿＿＿＿＿＿＿＿＿＿

聯絡電話：＿＿＿＿＿＿＿＿ 傳真：＿＿＿＿＿＿＿＿

E-mail ：

學歷：□ 1. 小學 □ 2. 國中 □ 3. 高中 □ 4. 大學 □ 5. 研究所以上

職業：□ 1. 學生 □ 2. 軍公教 □ 3. 服務 □ 4. 金融 □ 5. 製造 □ 6. 資訊
□ 7. 傳播 □ 8. 自由業 □ 9. 農漁牧 □ 10. 家管 □ 11. 退休
□ 12. 其他＿＿＿＿＿＿＿＿

您從何種方式得知本書消息？

□ 1. 書店 □ 2. 網路 □ 3. 報紙 □ 4. 雜誌 □ 5. 廣播 □ 6. 電視
□ 7. 親友推薦 □ 8. 其他＿＿＿＿＿＿＿＿

您通常以何種方式購書？

□ 1. 書店 □ 2. 網路 □ 3. 傳真訂購 □ 4. 郵局劃撥 □ 5. 其他＿＿＿＿

您喜歡閱讀那些類別的書籍？

□ 1. 財經商業 □ 2. 自然科學 □ 3. 歷史 □ 4. 法律 □ 5. 文學
□ 6. 休閒旅遊 □ 7. 小說 □ 8. 人物傳記 □ 9. 生活、勵志 □ 10. 其他

對我們的建議：＿＿＿＿＿＿＿＿＿＿

【為提供訂購、行銷、客戶管理或其他合於營業登記項目或章程所定業務之目的，城邦出版人集團（即英屬蓋曼群島商家庭傳媒（股）公司城邦分公司、城邦文化事業（股）公司），於本集團之營運期間及地區內，將以電郵、傳真、電話、簡訊、郵寄或其他公告方式利用您提供之資料（資料類別：C001、C002、C003、C011 等）。利用對象除本集團外，亦可能包括相關服務的協力機構。如您有依個資法第三條或其他需服務之處，得致電本公司客服中心電話 02-25007718 請求協助。相關資料如為非必要項目，不提供亦不影響您的權益。】

1.C001 辨識個人者：如消費者之姓名、地址、電話、電子郵件等資訊。
2.C002 辨識財務者：如信用卡或轉帳帳戶資訊。
3.C003 政府資料中之辨識者：如身分證字號或護照號碼（外國人）。
4.C011 個人描述：如性別、國籍、出生年月日。

請於此處用膠水黏貼